실내디자인을 위한

CONCEPT SOURCE BOOK

빛 디자인

유영희 저

기문당

감사의 글

대학에서 디자인을 강의하다 보면 학생들에게 각 디자인 분야별로 디자인 기법이나 특성들을 체계적으로 가르칠 수 있는 교과서와 같은 책들이 부족하다는 것을 느끼게 된다. 그 이유는 아마도 각 디자인의 특성들 자체가 개념화되고 체계적으로 정리되지 못했을 뿐 아니라 또 이런 것들을 시도한 책이 거의 없었기 때문일 것이다.

필자는 학교에서 강의하면서 실내건축디자인 분야에서도 디자인 이론의 한 방법론으로서, 분야별로 디자인 기법들을 개념적으로 정리할 뿐 아니라 또한 특성별로 유형화시켜서 각 디자인의 특성들을 알기 쉽게 이해할 수 있도록 체계화시킬 필요가 있다는 생각을 하게 되었다. 이런 필요에 따라 분야별로 각 디자인들의 특성들을 간단하고도 명료하게 정리한 디자인 개념 책 시리즈를 기획하게 되었다. 이 책은 다양한 주제의 디자인들 가운데서도 특별히 빛 디자인의 개념들을 정리한 것이다.

이러한 기획은 필자가 2004년 안식년을 맞아 미국 뉴욕 주 코넬 대학교에 visiting scholar로 있는 동안, 이 학교의 디자인학과 (Department of Design and Environmental Analysis) 교수인 Jan Jennings 교수의 프로젝트에 참여하면서 그 아이디어를 얻은 것이다. 필자는 이 프로젝트에 참여하면서 각 디자인 특성들을 개념화하고 체계화하는 작업의 중요성에 대해 새로이 눈을 뜨게 되었다. 먼저 필자를 그 학교로 초청해 주시고 또 개념화 작업의 중요성을 알게 해 주신 Jan Jennings 교수님께 감사를 드린다.

그리고 이 책이 나오기까지 대화와 토론을 통해 개념을 정리하는데 도움을 준 사랑하는 남편과 사진자료를 제공해 주신 박병민 선생님, 그리고 이 책을 출판할 수 있도록 해 주신 기문당 강해작 사장님께도 감사를 드린다. 마지막으로 이 모든 것들을 가능하도록 해 주신 하나님께 감사와 영광을 올려 드린다.

저 자

CONTENTS

I

서 문

Introdution

빛은 우리의 일상생활에서 대단히 중요한 역할을 한다. 식물들은 광합성 작용을 빛에 의존하고, 동물과 사람들은 빛에 의존하여 활동을 한다. 빛은 사물을 볼 수 있도록 만들어 주기 때문에, 인간뿐 아니라 모든 생물들의 일상생활이 시작될 수 있는 토대가 된다. 빛이 없이는 우리는 한 순간도 살아 갈 수 없다. 성경에서 모든 창조의 첫 출발이 '빛이 있으라' 라는 빛의 창조로서 시작하는 것도 결코 우연이 아니다.

지구상에 있는 생명체들은 대부분 태양에서 나온 자연적인 빛에 의존해 살아왔기 때문에, 그들의 활동은 거의 대부분 태양이 떠 있는 낮 동안에 이루어졌다. 그러나 다른 생명체들과는 달리, 인간들은 이 활동의 시간을 연장하기 위해 태양이 진 뒤에는 태양의 역할을 부분적으로 대신할 수 있는 인공적인 빛을 만들어 내었다. 이 인공적 빛 덕분에 인간들은 태양이 진 뒤에도 지속적으로 활동을 할 수 있었다.

빛의 가장 중요한 기능은 사물을 밝히 드러내어 그것을 볼 수 있도록 만들어 주는 것이다. 빛 아래서 사물의 형태가 드러나고 사물의 모양과 특징들이 인식된다. 이러한 지각기능에 의존하여 사람들의 일상생활이 이루어진다. 그러나 빛은 이 기본적인 기능 외에도 부가적으로 '미(美)' 의 기능을 가지고 있다. 빛의 효과에 따라 어떤 사물의 미를 드러내기도 하고, 혹은 빛 자체가 미적 특성을 창출해 내기도 한다. 이 때문에 빛을 이용한 다양한 예술과 문화들이 탄생되었다. 건축공간에서의 빛과 관련된 많은 디자인들도 바로 이런 빛의 특성들을 활용한 것이라 할 수 있다.

빛 디자인은 건축공간을 구성하는 다른 요소들을 인위적으로 조이 책의 목적은 지금까지 제시된 빛 관련 디자인 개념들을 그 각각을 명료하면서도 알기 쉬운 도식으로 설명할 뿐 아니라 또한 개념들 전체를 체계적으로 집대성하려는 것이다. 이 책은 몇 가지 점에서 중요한 의의가 있다.

첫째, 빛 관련 디자인 개념들을 명료화시킴과 더불어 기존의 다양하고 다소 추상적이며 복잡한 디자인 개념들을 개념어휘들로서 효율적으로 축적시키는 방법을 제공한다. 그 결과 그 디자인 특성들에 대해 여러 사람들과 보다 쉽게 공유할 수 있도록 함으로써 작업이나 대화를 용이하도록 만들어 준다.

둘째, 이렇게 정리된 개념들은 빛과 관련된 각종 디자인을 위한 원형 개념(Archtype Concept)으로 사용될 수 있다. 디자인에 있어서 독창성이란 기존의 이용 가능한 개념들과 전략들을 제2의 본질로 만들어서 완전히 새로운 것들을 산출해낼 수 있도록 그것들을 창의적으로 선택, 조합변환, 조작할 수 있을 때 비로소 나타나는 것이다. 따라서 이 책에서 제시된 디자인 개념들은 특히 빛 관련 디자인에 관심을 가지고 창의적인 디자인 활동을 하기 위한 학생들이나 디자이너들에게 새로운 개념들의 형성을 위한 기초 자료로서 활용될 수 있다. 이것들은 곧 다른 다양한 개념들을 파생하고 발생시키는 원형으로서, 빛 관련 디자인 작업의 근원적 자료가 될 수 있다.

셋째, 실제 프로젝트를 진행하는 디자이너나 학교에서 스튜디오 수업을 하는 학생들에게 빛 관련 디자인 개념을 형성하거나 도출하기 위한 훈련자료로 활용될 수 있다. 디자인을 공부하는 학생들이나 초보 디자이너들에게 이 책은 기초적 디자인 훈련을 위한 참고서로 활용될 수 있다.

이 책에서는 여러 가지 문헌조사를 통해 조형성과 관련된 빛 디자인 개념 33개와 의미와 관련된 빛 디자인 개념 16개 등 총 49가지 빛 디자인 개념들을 다루었다. 이 책은 지금까지 표현된 모든 빛 관련 디자인 개념들을 최대한 망라하려고 시도하였지만, 실제 빛 관련 디자인 개념들은 이 책에서 제시된 것들보다 훨씬 더 많을 수 있다. 그것은 이 책의 분석대상의 한계로 인해 아직 발견하지 못한 것도 있을 수 있고, 또 빛에 의한 디자인 개념들은 지금도 디자이너들의 창의성과 상상력에 의해 여전히 새롭게 발전적으로 형성되어져 가고 있기 때문이다. 이러한 개념들의 수가 더욱 늘어간다는 것은 그만큼 디자인이 발전해 간다는 것을 의미한다. 앞으로도 이 책에서 제시된 것들보다 더 많은 개념들이 발견되거나 형성될 수 있기를 바라며, 이 책은 바로 그것을 위한 자극제와 촉매제로서의 역할을 할 수 있게 되기를 바란다.

II
이론
Theory

1. 디자인 개념이란?

1) 디자인 개념의 형성과 표현

일반적인 사전적 의미로 '개념'(Concept)이란 '생각', 'idea' 와 같은 의미로 사용된다. 특별히 건축이나 디자인에 있어서의 개념은 디자이너가 디자인 프로젝트를 수행하려고 할 때 머릿속에 가지는 생각이나 아이디어를 의미한다. 이 개념은 디자이너의 생각 속에서 출발하지만, 디자인 진행과정에서 디자이너의 머릿속에서부터 나와 건축물 속에서 점차적으로 물질적 형태로 표현되게 된다. 건축 혹은 디자인이란 기본적으로 디자이너가 프로젝트에서 제시된 디자인 상황에 따라 머릿속에 있는 비물질적인 아이디어를 물질적인 어떤 형태로 표현해 내는 것이다. 따라서 디자인 개념이란 디자인 프로젝트에서 제시된 디자인 상황에 디자이너가 대응하는 방식으로서, 비물질적으로 진술된 문제를 구체적인 물질적 산물(형태)로 번역해 내는 수단이 되는 것이다[2].

이처럼 디자인 개념이 디자이너의 머릿속에서부터 어떤 구체적인 물질로 표현되기까지는 시간의 흐름 속에서 일련의 발전과정을 거치게 된다. 먼저 디자인은 디자이너가 프로젝트의 상황과 관련하여 특정한 아이디어나 이미지를 생각해 냄으로써 시작된다. 이 개념형성

註

2) Edward T. White, Concept Source Book, 조철의 역, 서울:시공문화사, 2002. p.19.

에는 일반적으로 디자이너의 철학이나 가치관, 그리고 문제에 대한 디자이너의 시각이 반영되기도 하며, 또 문제 해결을 위한 디자이너의 상상력이나 창의성이 들어간다. 그런데 디자이너가 만들어낸 이 초기의 개념은 아직은 불명확한 정신적 관념인 경우가 많다. 에드워드 화이트(Edward White)가 말한 것처럼, 디자이너가 디자인 행위를 할 때 갖는 이 개념은 '최초의 막연한 상태의 아이디어', '예비적인 문법', '미발달의 하부구조', '떠오르는 심상' 일 뿐이다[3]. 디자이너에게 최초로 떠오르는 이 개념은 대개 막연한 아이디어나 혹은 포괄적 형태로 제시되기 때문에 디자인의 진행과정에서 수정의 과정을 거치거나 더 구체화된다.

디자이너에게 최초로 떠오르는 개념은 단어나 시각적 이미지 혹은 이 둘을 모두 포함한 형태를 취하게 된다. 이러한 특성은 디자이너가 자신의 개념을 간결하게 단어로 표현하고 자신의 단어를 다이어그램 작업을 통해 시각적 이미지로 변환시키는데 도움이 된다. 개념을 시각적 형태로 변환시키게 되면 물리적 형태 혹은 건축공간의 형태를 표현할 수 있는 상태에 근접하게 되며[4], 이 과정에서 때로 컴퓨터의 시뮬레이션이나 가상기술(visualization)의 도움을 받기도 한다. 즉, 컴퓨터의 가상시뮬레이션이나 가상기술을 사용하여 머릿속에 있는 개념을 물질적으로 표현하기 전에 먼저 시각화함으로써 필요한 이미

註

3) Ibid.
4) Ibid. p.24.

지를 효과적으로 재현할 수 있게 만들어 준다. 이런 과정을 거쳐 물질적 건축물로 표현될 때 디자이너의 머릿속에 있는 개념은 외적 구조물로 형상화되는 것이다.

2) 개념화 작업을 통한 디자인 개념의 추출

이처럼 디자인이 디자인 개념을 물질적 형태로 표현함으로써 완성된다고 한다면, 디자인 개념화작업은 반대로 물질적 형태 안에 녹아 있는 개념을 추출해 내는 작업이다. 각 디자인의 결과물 속에는 디자이너의 핵심적 디자인 개념들이 녹아 있는데, 개념화 작업은 각각의 디자인들 속에 녹아 있는 그 개념을 명시적으로 표현해 내는 작업이다. 따라서 개념화 작업은 디자인 작업의 역순으로 진행된다. 디자인 작업이 디자이너의 머릿속에 있는 어떤 개념에 따라 구체적인 디자인의 결과물들을 만들어 내는 것이라면, 개념화 작업은 디자인 작업의 결과물 속에 들어 있는 특성을 분석하여 그 속에 내재된 디자이너의 생각(idea)들을 다시 정리하고 적절한 단어로 이름을 부여하는 작업이라 말할 수 있다.

즉, 이 개념화 작업은 여러 사례들을 분석하여 그들의 공통적 특성으로 동일하게 내재된 생각-개념들을 추출하여, 그 특성을 가장 잘 표현할 수 있는 이름을 부여하는 방식으로 진행된다. 그러므로 개념화 작업은 각 특성을 잘 표현할 수 있는 가장 적절한 단어를 찾는 것이 중요하다.

이러한 디자인 개념화 작업이 필요한 이유는 구체적인 결과물 속에 구현된 디자인 개념을 명시적으로 표현해 내기 위함이다. 디자이너의 머릿속에 있는 것이든, 물질적 형태로 표현된 것이든, 각 단계의 개념들은 그 특징들이 언어적으로나 도식적으로 명료하게 정리되고 언어적 어휘로 명명되기 전까지는 완전한 객관적 개념이라 하기 어렵다. 이런 단계의 개념들은 그 내용을 다른 사람들과 공유하기 힘들고 교육적 자료로 활용되기에 어려움이 있다. 그러므로 디자이너의 머릿속에 있는 개념, 혹은 결과물 속에 물질적으로 표현된 개념은 완전히 설명 가능하고 교육 가능한 개념이 되려면 언어상으로나 도식적으로 명료하게 설명이 이루어져야 하며, 그와 더불어 적절한 어휘로 명명이 되어야 할 필요가 있다.

이 책은 이러한 개념화 작업을 통해 지금까지 디자이너들에게 사용되어온 빛 디자인 개념들을 언어적으로나 도식적으로 명료하게 정리하고 구체적인 사례를 들어 상세히 설명하였다.

2. 빛 디자인 개념

빛은 그 자체로 여러 가지 특성들을 가지고 있지만, 가장 중요한 역할은 역시 사물의 형태를 지각할 수 있게 해 준다는 것이다. 인간은 빛을 통해야만 대상을 지각할 수 있고, 형태의 윤곽을 파악하며 공간을 인식하게 된다. 그러므로 빛은 곧 형태생성과 공간인식의 근본이 되는 것으로서, 물질적인 공간은 빛이 지닌 에너지로 인해 활성화되고 생명력을 가진 존재로 전환되는 것이다.

그런데 인간이 지각하는 공간은 여러 가지 조건에 의해 상대적으로 지각되는 공간이다. 이 때문에 공간 내 빛의 양이나 질의 여러 특성에 따라 빛의 명암에 따른 공간의 깊이도 각기 다르게 느껴지게 된다. 특히 자연적인 빛은 시간의 변화, 계절, 기후 등의 자연조건에 따라 항상 변화하기 때문에, 이러한 빛의 변화는 공간 내에서 비예측적이고 다양한 명암과 색조, 음영과 깊이, 경계와 윤곽 등을 생성하며, 때로는 공간 내에 깊은 그림자를 드리워 형태를 모호하게 하거나 혹은 어떤 형태를 새롭게 돋보이게도 한다. 또한 빛과 그림자, 밝음과 어두움의 대비현상은 건축공간의 실체부와 공허부를 만들게 되며, 이것은 건축적 공간이 회화나 조각들에 의해 형성되는 공간과 구별되는 특성을 갖게 만든다.

이와 같은 특성으로 인해 빛을 어떤 위치에서, 어느 정도의 양으로, 어떤 특성이 나타나도록 하느냐를 조정하는 것이 바로 빛 디자인이라 할 수 있다. 근본적으로 빛 디자인은 건축공간에서 빛과 다른 건축의 구성요소와의 관계를 조정함으로써 특정한 효과를 창출하는 것이다. 그러므로 건축공간에서 빛은 결코 부분적이고 개별적인 요소로서 이해될 수 없으며, 건축공간의 다른 구성요소들과 연관해서 이해해야만 한다.

빛 자체는 자연적인 빛일 수도 있고 인공적인 빛일 수도 있다. 그러나 빛 디자인은 다른 건축적 요소들을 통제함으로써 특정한 효과를 만들어 내는 것이기 때문에 그 특성상 인위적으로 창출하는 것이다. 설령 디자인하고자 하는 빛이 자연적인 것이라 하더라도, 빛 디자인은 건축공간의 다른 구성요소들을 인위적으로 조정함으로써 특정한 빛의 모습과 특성을 드러나도록 하는 것이기 때문에 인위성을 띠게 된다. 그러므로 빛 디자인은 어떻게 다른 요소들을 잘 조정함으로써 의도하는 빛의 효과를 창출해 내느냐 하는 것이 중요하다.

그런데 빛은 사물의 형태를 지각하게 하는 것이 가장 중요한 역할이지만, 이 외에도 다른 역할들도 가지고 있다. 빛은 그 자체로 미적 특성을 가지고 있으며, 또한 특정한 상징과 메시지를 전달하기도 하고, 때로는 사람들의 마음속에 특정한 체험이나 감흥을 불러일으키기도 한다. 이러한 빛의 역할은 조형성과 별개로 이루어지는 것이 아니라 시지각적 현상인 조형성을 바탕으로 하여 이루어진다. 즉, 이러한 빛의 역할들은 빛의 조형성을 바탕으로 형성되는 이차적인 기능이라 할 수 있다. 이러한 빛의 이차적 기능에 바탕을 둔 빛의 특정한 효과들을 통칭하여 빛의 '의미'(meaning)라 부른다.

사람들은 빛의 특정한 물리적 현상 혹은 비물리적 성격에 대해 정신적인 의미를 부여함으로써 빛은 추상적인 의미를 갖게 된다. 빛에 대한 최초의 의미는 어둠과의 대조에서 생겨났다. 빛과 어두움은 각각 상대의 소멸에 의해 존재하므로 인간의 원시적인 상상력을 자극하여 낮과 밤, 백과 흑, 생과 사라는 본능적 상징체계의 출발점이 되었고, 마침내 정신적 차원으로 옮겨와 긍정적인 것과 부정적인 것, 선과 악의 상징으로 변하여 빛은 정신적 세계로서의 영혼, 나아가 신의 상징으로까지 발전하게 되었다.

빛이 중세 신학자들에게 성스러운 상징적 의미였던 이유는 빛이 그 자체로 머물러 있으면서도 수없이 많은 조각으로 불어난다는 점과 빛이 모든 움직임에 영향을 미친다는 특성 때문이었다[5]. 그리고 이 본능적인 느낌이 나중에는 영감의 대상인 상징체계로까지 발전하게 된다. 그리고 이것들을 건축공간에 표현하고자 하면서 의미와 관련된 빛 디자인들이 다양하게 표현되어 왔다.

지금까지 빛의 특성에 대한 많은 연구들이 이루어져 왔고, 또한 많은 디자이너들에 의해 다양한 빛 디자인 개념들이 사용되어 왔지만, 지금까지 나온 빛 관련 디자인 개념들은 크게 두 가지로 분류될 수 있다. 첫 번째는 주로 빛의 조형성에 초점을 맞춘 빛 디자인 개념들이다. 이 개념들은 주로 빛에 의해 특정한 시지각적 현상을 표현하는 것들로서, 빛의 가장 근본적인 기능인 지각현상이 주된 디자인의 대상이다. 거기에 반해 단순히 지각현상을 넘어서 그 빛이 부여하는 이차적 기능, 즉 의미에 초점을 맞추는 빛 디자인 개념들이 있다. 이 빛 디자인 개념들은 지각현상을 토대로 하되 지각현상 자체가 디자인의 대상이 아니라 그 지각현상이 담고 있는 이차적 의미, 혹은 상징이나 메시지가 바로 디자인의 대상이 된다. 예를 들어 중세교회 건축에서 특정한 빛을 통해 신성함을 느끼도록 한다든가 특정한 상징을 느끼도록 의도된 빛 디자인들이 바로 그런 것이다. 이런 것들은 시각적으로 보여지는 조형성에 초점이 있는 것이 아니라 그 조형성을 토대로 표현되는 추상적 의미에 초점이 있다. 그러므로 이런 의미를 표현하는 빛

註

5) 정수진, 건축공간에서 빛의 조형성과 의미에 관한 연구, 홍익대학교 석사논문, 1995, p.57

디자인 개념들은 조형성을 표현하는 빛 디자인 개념들에 비해 좀 더 추상적이며 형이상학적 특성을 가진다.

그러므로 빛의 조형성과 의미, 그리고 조형성 관련 빛 디자인과 의미 관련 빛 디자인의 관계는 다음과 같이 정리될 수 있다.

표 1 빛의 조형성과 의미의 관계

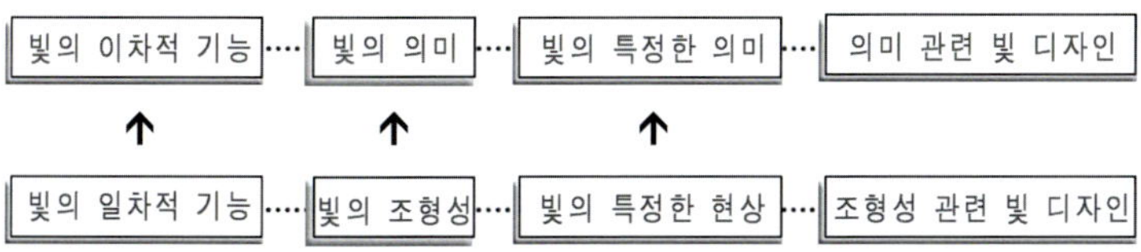

〈표1〉에서 보는 것처럼, 두 가지 종류의 빛 디자인 개념들은 각기 다른 빛의 특성과 기능들에 근거하고 있다. 그러므로 이 두 가지 유형의 빛 디자인들을 좀 더 정확하게 이해하기 위해서는 그것이 기반하고 있는 빛의 특성들을 함께 살펴보아야 한다.

3. 조형성과 관련된 빛 디자인

조형성과 관련된 빛 디자인 개념들은 기본적으로 빛의 시지각적 특성에 초점을 둔 것이다. 그러므로 이 빛 디자인 개념들을 이해하기 위해서는 먼저 빛의 조형성에 영향을 미치는 건축공간 구성요소와 빛의 관계를 살펴 볼 필요가 있다.

1) 건축공간 구성요소와 빛

(1) 형태와 빛

빛은 무엇보다도 사물의 형태를 지각하게 해 준다. 각종의 형태들은 빛에 의해 자신의 존재를 명쾌하게 드러내며, 인간의 시각은 빛 속에서 그 형태를 지각한다. 형태는 한결 같지만 빛은 변화한다. 인간의 지각은 빛에 의존하기 때문에 빛이 변화함에 따라 형태에 대한 우리의 지각도 변화한다. "형태는 빛의 조합으로 인하여 2차원의 평면이 3차원의 입체가 되기도 하고 입체가 평면화 되기도 한다. 이러한 현상은 인간이 빛을 통해 형태를 보는 과정에서 야기되는 것으로, 형태를 볼 수 있는 능력은 여러 가지 요소에 의해 영향을 받는다. 사물의 크기가 클수록, 사물의 밝기와 주위와의 대비가 클수록 그리고 오랫동안 주시하면 형태를 더욱 잘 볼 수 있다. 여기에서 빛과 어두움의 시각적 대비는 공간적 차원인 실체부과 공허부의 효과를 강조하므로 인간에게 쉽게 공간을 인식할 수 있는 동기를 제공한다[6]." 일반적으로 빛에 의해 드러나는 형태는 외부에서는 매스라는 형태로 지각되며, 내부에서는 볼륨이라는 형태로 지각된다.

빛은 한편으로 건축의 형태를 드러나게 하지만, 반대로 건축형태는 공간에 유입되는 빛을 조절하기도 한다. 특별히 개구부의 형태는 자연광의 유입에 영향을 주어 공간의 인상을 형성하는 데 큰 역할을

註
6) Ibid, pp.33~34.

한다. 즉, 개구부의 크기나 위치를 변화시킴으로써 빛이 유입되는 공간의 성격을 완전히 바꿀 수도 있으며, 공간의 인상을 변화시킬 수도 있다. 그러므로 빛과 형태는 상호 연관되어서 함께 공간의 성격을 형성한다고 할 수 있다. 따라서 건축형태와 빛의 상관성을 논함에 있어서 외부적인 개념인 매스와 내부적 개념인 볼륨, 그리고 개구부의 형태가 가장 중요한 요소라고 할 수 있다[7].

(2) 구조와 빛

구조는 건축물의 골격으로서, 건물을 지탱하는 역할을 한다. 빛은 이 구조를 드러내 주기도 하고, 혹은 감추기도 한다. 빛은 구조의 표면을 드러내고 주요 구조의 윤곽을 지각케 함으로써 구조에 대한 인상을 강화하거나 혹은 약화시킨다. 반대로 구조는 빛을 공간 내에 끌어들이기 위한 필수적인 요소로서, 구조에 따라 연출되는 빛의 효과가 달라진다. 슐츠(C.N. Schulz)에 따르면, '르네상스의 부가적인 공간구조들은 균질한 빛을 요구하는 반면, 권위와 대조에 근거한 바로크의 구조들은 보다 더 극적인 빛을 허용한다'[8].

그러므로 구조와 빛은 밀접히 상호 연결되어 있다. 건축자가 공간의 목적을 위해 구조를 선택하면 구조는 빛을 제한하여 그 특성을

註

7) 이은미, 현대 건축공간에 있어 빛의 표현 특성과 그 의미에 관한 연구, 중앙대학교 석사논문, 2003, p.50.
8) Norberg-Schulz, Christian, Intentions in Architecture, Cambridge, Mass.: The M.I.T.Press, 1965, p.154, M.S. Millet, Light Revealing Architecture, N.Y.: Van Nostrand Reinhold, 1994, p.47에서 재인용.

규정짓고, 빛은 다시 구조를 드러내는 형식으로 구조와 빛은 공간 내에서 상호보완적 관계성을 유지하게 된다. 이 때문에 루이스 칸(Louis I. Kahn)은 빛을 건축의 본질로 파악하면서 다음과 같이 말한다. "구조란 빛 속에서 이루어진 디자인이다. 볼트, 돔, 아치, 원기둥은 모두 빛의 특성에 따라 만들어진 구조물이다. 자연의 빛은 공간에 들어와 공간을 바꿀 때 그 자연의 빛은 하루와 계절 속에서 미묘한 차이로 공간에 분위기를 만들어낸다[9]".

(3) 공간과 빛

건축은 궁극적으로 공간과 형태로 이루어진다. 이 가운데 건축공간을 정의하는 것은 바로 '에워쌈' 에 대한 정의이며, 여기서 빛은 주요한 역할을 한다. 공간에 대한 우리의 감각은 빛이 그 에워쌈을 어떤 방식으로 우리에게 드러내 주느냐 하는 것에 의존한다[10]. 공간 내의 빛은 공간의 경계를 한정하기도 하고 경계를 없애기도 하며, 일정공간의 영역을 지시하거나 강조하기도 한다. 빛은 형태나 구조와 마찬가지로 공간을 인식하게 해 주며, 그 공간이 물리적 공간 이상의 의미를 가질 수 있도록 하는 힘을 부여한다. 내재적 동성을 가진 공간은 빛에 의해 생기를 얻어 실제적인 동적 주체가 되며, 물리적 정지 상태의 건축 또한 빛과 연결될 때 살아있는 의미를 가진 존재로 인식될 수 있다. 한 마디로 빛은 공간의 인식을 결정하며, 빛의 변화는 곧 공간 인

註

9) Louis I. Kahn, 루이스 칸의 노트북과 드로잉, 1973, 이은미, op cit., p.51에서 재인용.
10) Marietta S. Millet, Light revealing Architecture, NY: Van Nostrand Reinhold, 1996, p.93.

식의 변화를 야기한다.

그런데 빛에 의해 공간의 인식이 달라진다는 것은 곧 빛의 조작 여하에 따라 건축공간에 대한 우리의 지각을 조작할 수 있다는 것을 의미한다. 유리창에 커튼을 치거나 여는 것에 따라 유입되는 빛이 달라지게 되며, 이 빛의 유입 여하에 따라 공간의 인식 역시 달라지게 된다. 혹은 밤에 촛불을 켜는 것 역시 낮 동안의 태양빛에 의해 만들어지는 공간인식과는 전혀 다른 공간의 인식을 가져온다. 또 빛이 공간 속에서 만들어 내는 명과 암의 대립, 혹은 실체와 그림자의 대립은 건축의 실체부와 공허부를 만들게 되면서 그 공간에 대한 전혀 다른 인상을 창조한다. 이렇게 특성화된 공간은 빛에 의해 강조 또는 약화되거나 변질되는 과정을 인간에게 제공함으로써 공간을 점유하는 인간들에게 심리적인 충족감을 주게 된다. 이와 같이 공간은 빛의 명암이나 성질에 따라 다양한 양상으로 표현되기 때문에, 빛의 조작 여하에 따라 공간의 인식방식도 다양하게 연출될 수 있다.

(4) 재료와 빛

빛과 공간, 혹은 빛과 형태가 상호 의존하듯이, 빛과 재료 역시 서로에게 전적으로 의존한다. 재료는 빛의 질과 양에 직접적으로 영향을 미치기 때문에, 건축물에서 빛을 이해하는 열쇠가 된다[11]. 재료가 갖는 물리적 성질은 빛이라는 매개체를 통해 비로소 드러나게 되며,

註

11) Ibid., p.67.

재료의 질감은 빛이 닿았을 때 표현이 된다. 이런 의미에서 재료는 빛에 의존한다. 그러나 다른 한편으로 재료는 빛의 세기와 강도를 결정해 주기 때문에 이런 의미에서는 빛이 재료에 의존한다고 할 수 있다. 즉, 어떤 재료는 빛을 반사시키는 반면 어떤 재료는 빛을 흡수하며, 어떤 재료는 빛을 더욱 더 드러나게 하는 반면 어떤 재료는 빛을 감추게 한다. 예를 들면 어떤 유리는 빛을 투과시키는가 하면, 어떤 유리는 거울처럼 빛을 반사하거나 특정한 이미지를 비추어 준다. 또 어두운 방에서 흰 페인트로 방의 표면을 칠하게 되면 빛이 증가하는 효과가 나타나게 된다. 이러한 현상은 모든 재료는 빛을 반사(reflect) 혹은 굴절(bend)시키거나 흡수(absorb) 혹은 투과(transmission), 그리고 집중(focus) 혹은 분산(scatter)시키는 성질을 가지고 있기 때문에 나타난다. 이처럼 재료에 따라 빛의 양이나 반사 정도가 달라지기 때문에 결과적으로 어떤 재료를 사용하느냐 하는 것은 빛의 세기를 결정하는 요인이 된다. 결국 재료의 질감은 재료의 물질성과 빛의 비물질성이라는 두 가지 요소가 결합하여 표현되며, 이런 의미에서 빛과 재료는 상호 의존한다고 할 수 있다.

(5) 색채와 빛

건축공간에서 색채와 빛의 관계는 건축공간의 다른 요소들과의 관계, 예를 들어 형태나 빛의 관계나 혹은 구조나 빛의 관계보다 더 밀접하게 연결되어 있다. 형태나 구조는 빛의 밝기나 유입되는 방식에 외부적으로 작용하지만, 색채는 빛에 대해 내부적으로 작용한다. 즉, 물체의 색채는 본질적으로 빛의 흡수와 반사에 의한 것이다. 색을 띠는 물체는 일부 파장의 빛을 흡수하고 나머지 파장의 빛을 반사함으로써 우리에게 특정한 색깔로 인지된다. 또 빛은 어떤 색채를 드러내기도 하지만, 그 색채를 다른 색채로 변질시키기도 한다. 예를 들어 노란빛은 파란빛을 띤 건축물의 색채를 초록빛으로 변질시킨다. 그뿐 아니라 백색으로 보이는 태양빛은 그 자체가 여러 가지 색채를 가지고 있다. 빛은 그것을 구성하는 물리적 파장의 세기에 따라 다양한 색깔을 가지고 있어서, 태양빛을 프리즘으로 산란시키면 다양한 파장의 빛으로 표현된다. 무지개가 다양한 색깔로 표현되는 것도 이 때문이다. 그러므로 색채에 대한 인간의 지각은 빛과 대상 색채의 결합을 보는 것이다. 즉, 어떤 파장의 빛으로 어떤 색채를 보느냐에 따라 보여 지는 색채가 달라지는 것이다.

건축공간에서는 이런 색채의 특성을 적절히 활용하여 공간의 성격을 강조하거나 혹은 그 형태와 공간을 풍부하게 체험하도록 하는데 이용하고 있다. 예를 들어 빛을 받는 쪽의 색을 보다 밝게 칠하고 음영지는 부분의 색을 다소 어둡게 칠하면, 명암의 대조에 의하여 형태를 보다 구체적으로 묘사하거나 강조할 수 있게 된다. 또 특정한 형태에 대해서는 강렬한 색채를 사용하고 배경이 되는 영역에는 약한 색채를 사용하게 되면 형태를 강조하는 데 도움이 된다. 그러므로 색채는 형태와 공간의 인식에도 많은 영향을 주기 때문에 함께 고려되어야 한다. 존 러스킨(John Ruskin)이 말한 것처럼, 색을 제외한 건축공간은 결코 완벽할 수 없으며 형상과 배경은 색의 조화에 의해 다양해질 수 있다.

2) 빛에 의한 건축공간의 조형성

빛은 시지각적 특성으로 말미암아 건축공간에서 조형성을 부여한다. 빛의 유무, 빛에 의한 대비효과, 다양한 빛의 질적 표현특성이 공간에 부여되면 공간은 특정한 형태로 명시화되고 인지적인 정확성을 띠거나 뚜렷한 지시적인 방향성, 또는 장식성의 특성도 지니게 된다. 빛에 의해 표현되는 건축공간의 조형적 특성은 크게 투명성, 인지성, 방향성, 장식성으로 나누어 볼 수 있다[12].

(1) 투명성

건축공간에서 '투명성' 이란, 형태에 있어서 공간적으로 다른 차원에 존재하는 것을 동시에 지각할 수 있는 것을 말한다. 건축공간에서 사용되는 이 '투명성' 이란 용어는 '동시성', '상호관입', '중첩', '다의성' 등과 동의어로 사용되기도 한다. 투명한 존재의 위치는 중첩이나 상호관입에서 보듯이, 지각 상에 있어서 가깝게도 보이고 멀리도 보이는 것처럼 불명료한 성격을 가지고 있다. 거기에 덧붙여 인간의 시각적 특성 또한 여러 가지 배경적 이해에 따라 다양한 지각을 가능하게 하는 다의성을 가지고 있다. 그 결과 투명한 공간은 물리적인 불명료성이라는 자체의 특성 외에 지각상의 다의성으로 인해 다양한 지각이 가능하게 된다.

註

12) 정수진, op. cit., pp.59~71. 이하의 설명은 많은 부분 이 논문의 내용을 토대로 재구성한 것이다.

투명성에 대한 지각이 갖는 이러한 애매모호한 특성이나 다의성은 빛이라는 요소가 더해지면 그 특성이 보다 강해진다고 할 수 있다. 빛이 표현하는 공간은 빛에 의한 이미지의 투명으로 형태의 재평가와 투명성을 표현하는 데 많은 공헌을 해 왔다. 서로를 파괴하지 않는 형태간의 침투에 더하여 이미지를 둘러싼 광선은 형태에 재침투될 수 있고, 빛은 빛을 증대시키며 음영은 음영을 심화시켜서 결과적으로 형태에 대한 집중도를 강화시킨다. 빛에 의한 둘 이상의 공간적 투영은 그 공간적 양상을 압축하여 더 넓은 공간 표현으로 귀결시키며, 인간의 눈에서 숨겨진 사물이 간파되어 시각화된다. 여기서 빛에 의해 공간의 투명성은 새로운 의미를 갖게 되고, 공간의 깊이감에서도 변화를 유도해왔다.

빛에 의해 표현될 수 있는 공간의 투명성은 구체적으로 여과(濾過), 침투(浸透), 중첩(重疊), 상호관입(相互貫入) 및 부유(浮遊) 등의 현상으로 나누어 볼 수 있다. 이런 현상들은 물질적인 결과라기보다는 빛과 결합되어 진행된 정신적 산물이라 할 수 있다. 현대 건축은 많은 가능성을 가진 공간적 조망을 위해 재료의 투명성과 함께 빛을 활용하여 이러한 공간의 투명성을 적극적으로 표현하고 있다. 현대 건축은 애매모호하고 미묘한 분위기 속에서 자신의 모습을 완전히 드러내지 않고 부단한 변모의 양상을 띠게 하며, 공간에 생동감과 완결되지 않은 아름다운 모습의 계속되는 이미지의 생성과정을 표현하면서 감상자에게 늘 새롭게 다가가도록 공간을 표현하고 있다.

(2) 인지성

공간을 인지하는 것은 복잡한 구성관계 속에서 형성된다. 공간의 확장, 형태, 좁은, 넓음, 높이 등이나 그것들의 단절, 굴곡, 리듬 등은 공간을 다르게 지각하게 하는 변수가 되는 것들이다. 그러나 지각에 있어서 가장 중요한 것은 빛이다. 빛은 공간이나 형태를 드러나게 해 주어 그것을 지각하고 인지하게 해 준다. 형태나 공간을 지각하는 것은 일반적으로 빛에 의한 명암의 정도에 따라 윤곽이 드러나는 형상을 인지하는 것이기 때문이다. 형태의 윤곽들은 대부분 빛의 농담(農談)의 병치(倂置)나 물체의 밝고 어두운 정도로써 나타나는 것이다.

일반적으로 빛의 강도가 강할수록 형태는 더욱 더 명료하게 드러나며, 반대로 빛의 강도가 약할수록 형태나 윤곽이 희미해지는 특성이 있다. 희미한 빛 속에서는 우리의 시각이 형태의 윤곽을 지각하거나 정확한 거리나 공간의 크기를 측정하는 것이 어려워지기 때문에 불확실성이 커진다. 이러한 불확실성은 건축에 있어서 부정적으로만 작용하는 것이 아니라 때로는 오히려 긍정적으로 작용하기도 한다. 희미한 빛 속에서는 불확실한 형태들이 서로 융합(融合)되면 경계가 모호해져서 공간의 융합이 일어나고 유동적인 공간이 된다. 음영에 의한 경계가 상실되면서 애매함과 모호함으로 미완의 상태로 남아있는 형태들은 이미지를 구축하게 하면서 공간에 '상상력'을 가져오게 한다. 따라서 어두운 공간은 어떤 의미로는 창조력이 풍부하다고도 할 수 있다. 그러나 '어둠을 지향하는 공간에서도 그것이 어느 정도 어두운지를 이해하기 위해서는 어떤 신비적인 조명을 필요로 하고,

여기에 알맞은 빛이 필요하다' 라고 한 루이스 칸(Louis Kahn)의 말처럼, 공간을 어떠한 특성으로든 인지하는 것은 최소한의 빛과의 상호작용에 의한 것이라고 말할 수 있다.

(3) 방향성

건축공간은 공간 자체의 물리적인 특성인 길이, 너비, 높이의 세 가지 속성에 의해 방향성을 갖는다. 길이에 의한 수평방향, 너비에 의한 공간의 전개, 높이에 따른 공간의 상승감으로 공간은 입체적인 방향성을 갖는 유동공간으로서의 성격을 갖게 된다. 그러나 이러한 물리적인 특성에 의한 공간의 방향성은 단지 가시적인 영역에 대한 지각 이상의 의미를 갖지 못한다. 인간이 지각하는 건축공간의 방향성이란 단지 물리적인 특성인 수평, 수직, 높이에 대한 지각보다는 주의를 끄는 어떤 극적인 정점이나 지속되는 시각적 리듬을 경험하면서 공간의 연속적인 전개를 경험하는 것을 의미한다. 공간의 방향감은 인간의 주의를 끌 수 있는 어떤 극적인 요소나 감각적 자극이 수반될 때 더욱 체험적으로 느낄 수 있게 되는 것이다.

일반적으로 인간의 주의를 끄는 시각적 동적 방향감은 조형적 관계의 방향과 진행을 나타내는 통일적 구조와 동적인 연속성을 가질 때 가능하다. 시선은 주어진 통로를 따르게 되고 시선이 움직이는 동적인 감각은 그 자체의 경험적 속성을 통로에 부과하여 동적인 연속성과 표면의 통일성을 만든다. 또 형태의 외곽부나 색채, 질감, 기타 청각적 요소 등도 시각의 흐름에 대해 방향성을 부여한다.

그러나 공간에 방향성을 부여하는 가장 주된 요소는 빛이다. 빛에 하나의 초점이 부여되면 그것은 자체로 하나의 사물처럼 인식되면서 운동감을 야기한다. 빛은 조명이라는 자신의 기능에 있어서도 방향성을 가질 뿐 아니라 그 자체가 의도적인 공간의 연속성 및 공간의 정점을 지시함으로써 건축공간에 방향성을 부여한다. 또 명과 암의 차이를 효과적으로 부각시킴으로써 방향성을 유도하기도 한다.

(4) 장식성

전통적인 장식 개념에서는 기본 구조체에 부대적인 장식물을 첨가함으로써 건물을 매력적으로 보이게 하는 것을 의미했다. 그러나 현대에 있어서 건축적 장식은 자체의 표현내용이 없이 무의미하거나 사물을 매력적이고 즐겁게 만드는 데만 한정되어 있는 것이 아니라, 자체적 표현내용을 가지며 그 장식의 주제와 패턴은 인간의 지각 상의 특정이해를 통해 정신적인 의의를 갖는 것이다.

건축공간의 장식성에서 가장 중요한 역할을 하는 것 중의 하나가 '빛' 이다. 역사적으로 장식에 대한 찬반 논의가 있어 왔으나, 건축공간 내에서 빛의 항상성(恒常性)과 지속성(持續性)으로 인한 빛에 의한 장식성은 결코 배제할 수 없는 요인으로 자리 잡아 왔다. 빛의 항상(恒常)적인 지속효과는 비장식적인 것에까지 장식적인 효과를 내기에 충분하며, 그 결과 공간 자체의 미적인 경험을 돕고 있다. 빛에 의한 장식은 특히 음영의 효과를 통해 크게 부각되는데, 빛은 공간구성의 근본 요소인 구조나 형태 자체마저 장식의 역할을 하게 한다. 즉, 빛과 음영에 의한 구조체와 형태의 장식효과는 특별한 장식의 목적으로 사용되지 않는 요소들까지도 빛에 의해 강한 장식성을 수반하도록 한다. 빛에 의한 음영의 효과는 공간 자체를 장식하는 주된 수단이며 공간에서 미묘한 감정을 일으키기에 충분하다.

장식을 배제한 근대 건축공간에서도 일반적인 의미의 장식수법을 사용하지는 않았지만 백색미학을 통한 음영의 기법과 빛과 그림자에 의한 미학적 가치를 중시함으로써 장식적 효과를 결코 도외시하지 않았으며, 비유기적 사물로서 빛의 건축공간상에서의 특수한 역할을 적극적으로 반영하여 표현하고 있다.

3) 조형성 관련 빛 디자인 개념의 분류

조형성과 관련된 빛 디자인 개념은 기본적으로 사물의 조형성을 연출하는 빛의 역할에 초점을 맞춘 것이다. 지금까지 많은 건축가와 디자이너들에 의해 조형성과 관련된 많은 빛 디자인 개념들이 표현되어 왔으며, 이 책에서는 대략 33가지의 조형성 관련 빛 디자인 개념들을 정리하였다. 이 빛 디자인 개념들을 이해함에 있어서, 먼저 그 성

표 2 빛의 디자인 개념 유형화를 위한 분류틀

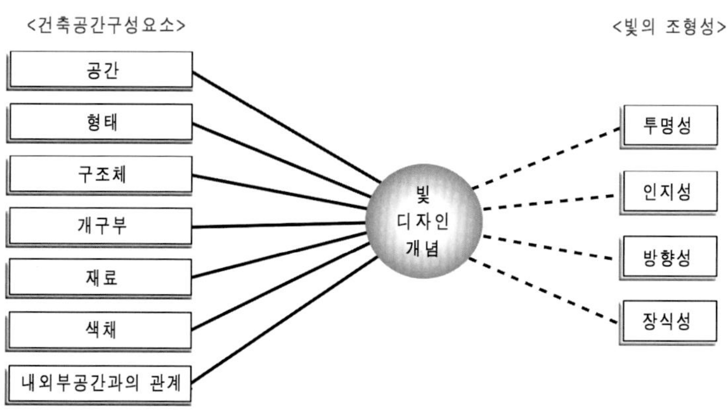

격에 따라 유형별로 분류하여 살펴보는 것이 필요하다. 그런데 이 빛 디자인 개념들을 분류하는 분류틀로서 유용한 것 가운데 하나는 건축공간의 구성요소들이다. 빛 디자인은 궁극적으로 건축공간의 여러 요소들을 조절함으로써 빛이 특정한 방식으로 연출되도록 하는 것이다. 그러므로 그 빛 디자인이 건축공간의 어떤 요소와 관련되어 있는지를 살펴 볼 때, 각 디자인 개념들은 좀 더 효과적인 설명이 이루어질 수 있다. 또 빛에 의해 표현되는 건축공간의 네 가지 조형적 특성 역시 보조적인 분류틀로 사용될 수 있다.

지금까지 확인된 빛 디자인 개념들은 이 분류틀에 따라 각각 다음과 같이 분류할 수 있다.

(1) 공간 관련 빛 디자인 개념

'중심 영역을 형성하는 빛'

'원심성의 빛'

'공간을 확장하는 빛'

'공간을 통합하는 빛'

'공간을 분절하는 빛'

'공간을 차별화 하는 빛'

'전이공간을 형성하는 빛'

'중첩성의 빛'

'상호관입성의 빛'

'부유하는 빛'

'위계성을 형성하는 빛'

'초점을 형성하는 빛'

'동감을 표현하는 빛'

'방향성의 빛'

(2) 형태 관련 빛 디자인 개념

'형태를 드러내는 빛'

'형태를 생성하는 빛'

'과장'

(3) 구조체 관련 빛 디자인 개념

'구조와 통합된 빛'

'구조를 감추는 빛'

'패턴화된 빛'

(4) 개구부 관련 빛 디자인 개념

'점으로서의 빛'

'선적인 빛'

'면적인 빛'

'대각선의 빛'

'공간을 장식화 하는 빛'

(5) 재료 관련 빛 디자인 개념

'질감을 극대화시키는 빛'

'재료의 성질을 비 물질화 시키는 빛'

'빛의 놀이'

'빛의 일루전'

(6) 색채 관련 빛 디자인 개념

'색을 반사하는 빛'

'지방색의 빛'

(7) 내외부 관계 관련 빛 디자인 개념

'내외부 공간을 통합하는 빛'

'내외부 공간을 구분하는 빛'

이 개념들은 그 디자인 특성의 어떤 측면을 강조하여, 그 특성에 적절하다고 생각되는 용어로 명명하여 디자인 개념들로 제시한 것이다. 따라서 어떤 동일한 특성을 갖는 하나의 건축공간이라 하더라도 분류기준에 따라서, 또 초점을 맞추어 강조하고자 하는 특성에 따라서 각기 다른 개념들로 설명될 수 있다. 다시 말해서 한 건축공간에서도 관점에 따라서 몇 가지 다른 개념들이 동시에 적용될 수도 있는 것이다. 이 경우에는 각각의 빛 디자인 개념들은 상호 배타적인 것이 아니라 상호보완적으로 밀접하게 관련성을 갖고 있다고 할 수 있다.

4. 의미와 관련된 빛 디자인

의미와 관련된 빛 디자인 개념들은 기본적으로 빛이 갖는 추상적 특성, 혹은 사람들이 빛에 부여한 추상적 의미에 초점을 맞춘 디자인이다. 그러므로 이 빛 디자인 개념들을 이해하기 위해서는 먼저 의미가 부여되는 과정에 대해 살펴 볼 필요가 있다.

1) 지각과 의미

조형성을 포함한 모든 지각은 인간의 감각기관과 외부의 대상과의 상호작용에 의해 이루어진다. 인간의 의식주체가 어떻게 자신을 넘어서 존재하는 외부의 대상을 인식할 수 있느냐 하는 것은 오랜 인식론의 논쟁 주제이지만, 극단적 관념론자를 제외한 거의 모든 사람들은 모든 인식은 주관과 객관의 상호작용으로부터 생겨난다는 것에 동의한다. 사물의 조형성에 대한 지각은 외부 대상에 의해 순수 수동적으로만 이루어지는 것은 아니다. 어떤 대상이 인식자에게 인식될 때는 단순한 모양, 혹은 형태로만 인식되는 것이 아니라 '무엇'으로 인식된다. 인식자에게 '무엇'으로 인식되는 바로 그것에 의식주관의 능동적인 인식작용이 참여한다.

형태주의 심리학(Gestalt Psychology)은 바로 이런 것을 잘 증명해 보였다. 동일한 형태가 인간의 감각기관에 들어오지만, 그것을 무엇으로 인식하는 것은 사람마다 다를 수 있다. 동일한 형태가 어떤 사람에게는 토끼로, 어떤 사람에게는 오리로 지각된다. 혹은 동일한 사람에게서도 이해틀에 따라 토끼-오리의 형태전환(Gestalt switch)이 일어나기도 한다.

그림 1

이러한 토끼-오리 그림이 보여주는 것은, 인식은 사물을 부분의 합으로서가 아니라 전체적으로 파악하는 것이며, 또한 감각기관에 의해 순수 수동적으로만 이루어지는 것이 아니라 정신의 능동적인 작업이 들어간다는 것이다. 인식자는 이미 특정한 선이해의 틀을 가지고 대상을 보게 되며, 그 선이해의 틀이 어떤 것인가에 따라 대상의 인식이 달라지게 된다.

그러나 인식에 주관성이 있다고 해서 인식대상자가 임의대로 대상을 규정할 수 있는 것은 아니다. 또한 대상 자체의 형태나 속성에 의해 인식의 제약이 일어난다. 위의 토끼-오리 그림에서 주관의 선 이해 틀에 따라 형태지각의 전환이 일어나지만, 그러나 그 범위는 대상이 제시하는 형태와 속성에 제한된다. 위에서 제시된 토끼-오리 그림도 인식자의 주관적인 인식틀에 따라 토끼나 오리로는 형태전환이 가능하지만, 사자나 호랑이로는 인식되지 않는 것은 도형이 갖는 객관적인 요소가 있기 때문이다. 그러므로 모든 인식은 대상이 갖는 객관적인 요소와 의식주체의 주관적인 요소의 결합이라 할 수 있다.

빛에 의해 드러나는 조형성이 대상이 갖는 객관적인 요소와 의식주체의 주관적인 요소의 상호작용이라면, 빛이 갖는 의미는 이러한 특성이 더욱 더 강화된다. 빛의 의미는 결국 빛이 갖는 객관적 특성에 대해 인식자가 주관적으로 부여하거나 혹은 인식자의 내부에서 체험되는 어떤 것이기 때문이다. 의미는 외적 대상이 갖는 조형성의 제약 위에서 사회적 관습이나 문화에 의해 그 의미가 규정된다고 할 수 있다.

헤셀그렌(Hesselgren)에 따르면, 의미가 지각과 연결될 수 있는 방법에는 다음의 세 가지가 있다.

a. 관습적 의미: 의식적이거나 무의식적인 의미와의 부합. 예를 들어 에티오피아 국기에 나타나는 녹, 황, 적 세 줄의 색깔은 관습적

으로 에티오피아를 상징한다.

b. 연상적 의미: 이전의 경험에 대한 결과로서의 의미. 예를 들어 어떤 문화권에서 '바지'와 '남자' 간에 은밀한 연상이 이루어지도록 교육을 받았을 때 이런 종류의 의미가 발생한다.

c. 자연발생적 의미: 의미가 자연스런 관계에 따라 저절로 이해와 연관되는 것. 예를 들면 아무도 사람의 얼굴을 동물의 얼굴과 혼동하지 않는 것은 우리의 시각구조가 의미를 가져오는 매우 자연적인 과정의 하나이기 때문이다[13].

여기서 말하는 관습적 의미나 연상적 의미는 사회적 경험이나 문화적 관습이 주관적인 인식틀로 작용한 결과로 형성된 것이다. 여기서 주관적이라 함은 대상의 인식이 외적 대상의 요소에 의한 것이 아니라 인식자의 사고틀에 의존한다는 점에서 주관적이라는 의미이다. 단지 그것은 여러 사람들의 사회적 담론이나 관습에 의해 결정된다는 점에서 개인적 주관이 아닌 집단적 주관이다. 지각은 순수 수동적인 것이 아니라 인식자의 인식틀에 의한 능동적 의미부여 작업의 결과이다. 특별히 의미는 더욱 더 그러한 특징이 뚜렷하다. 그러므로 관습적 의미나 연상적 의미는 시대와 문화권마다 달라질 수 있다.

그러나 지각은 자연발생적 의미에서 보는 것처럼, 내적 주관적

註

13) Hesselgren, 박규현 외 1 편저, 조형론, 서울:기문당, 1998, pp.92~93

요소에 의해서만이 아니라 외적 대상의 객관적 요소, 즉 조형적 요소나 빛의 특성에 의해 영향을 받는 측면도 있다. 일반적으로 지각에 있어서 (주관적인) 관습적인 요소와 (객관적인) 조형적 요소가 함께 작용할 경우가 많은데, 이때는 외적 조형성은 관습이나 문화가 의미를 규정할 때 제한조건으로 작용한다.

2) 빛의 의미를 형성하는 두 가지 요소

지각이 인식자의 내적인 인식틀과 외적 대상의 조형적 특성이 함께 작용하는 것처럼, 건축공간에서 빛의 의미를 형성함에 있어서도 사회문화적 요소와 빛의 객관적 특성이 동시에 중요한 역할을 한다.

(1) 사회문화적 배경과 디자이너의 의도

건축공간에 있어서의 빛의 의미는 건축적 사고를 구성하는 각 시대의 세계관이나 사상, 종교, 혹은 관습이나 문화 등의 요소에 많은 영향을 받는다. 따라서 건축공간에서 빛의 의미는 그 시대의 사회상을 반영하고 있으며, 시대적 사회상이 바뀌면 표현되는 의미도 변화한다. 예를 들면, 태양숭배사상을 가졌던 고대의 모든 신성한 장소들이나 종교에 대한 갈망이 지배하던 중세의 종교 건축은, 초자연주의의 상징과 종교적 신비의 표현으로서, 그리고 신앙심을 불러일으키기 위한 가장 적합한 수단으로서 빛을 내-외부 공간에 사용하였다. 그러다가 근대와 현대로 오면서 이러한 형이상학적 요소는 점차 사라지고 인간의 삶과 관련성을 갖는 현실적인 의미로 대체되었다[14]. 또 동양의 건축에서는 '인간과 자연의 조화 혹은 합일' 이라는 동양적 세계관에 부합하는 빛의 의미를 표현하고 있다.

빛의 의미는 사회문화적 배경에 절대적인 영향을 받지만 함께 고려되어야 하는 것이 디자이너의 의도이다. 모든 건축은 설계가 혹은 디자이너의 의도에 따라 디자인되는데, 그 의도는 다시 시대상을 반영하거나 혹은 사회적 요구를 반영하고 있다. 예를 들어 종교적 건축은 종교적 용도라는 사회적 요구가 있고, 디자이너는 그 용도와 관련된 사회적 요구를 반영하여 '신성' 이나 '영성' 과 같은 의미를 표현해 낸다. 혹은 프랭크 로이드 라이트(Frank Lloyd Wright)의 건축에서 보는 것처럼, 디자이너의 의도에 따라 동양적 특성을 가진 빛의 의미가 그가 디자인한 서양 건축공간에서 표현되기도 한다.

(2) 건축적 빛의 기능 및 특성

빛의 의미는 사회문화적인 요소 외에도 빛의 기능이나 특성과 같은 객관적인 요소에도 많은 연관성을 가지고 있다. 빛에는 다음과 같은 기능들이 있다. 먼저 빛은 우리들에게 미적인 인식을 가져다준다.(심미성) 그리고 빛은 우리를 감동시키고 어떤 것을 체험케 하는 능력이 있다.(체험성) 또 빛은 우리들의 일상적 이해를 넘어서 있는 것을 상징화한다.(상징성)[15] 빛의 의미들은 바로 이런 빛의 기능을 이용하여 사회 문화적 담론을 디자이너의 의도에 따라 표현해 내는 것이다.

註

14) 김경재, 근대건축 이후 건축적 빛의 의미 변화에 관한 연구, 한국실내디자인학회논문집, 2000, pp.215~216 참고.

15) Marietta S. Millet, op. cit., p.135

한편 이런 빛의 기능들이 실현되는 것은 다음과 같은 빛의 특성들과 관련된다. 김경재에 따르면, 빛의 의미를 표현하는데 관련되는 건축적 빛의 특성으로는 지각성, 시간성, 장소성 등이 있다[16].

a. 빛의 지각성; 빛은 형상화된 공간에서 영역을 형성하거나 크기, 방향, 위치의 성격을 강화하거나 약화시키면서 공간에 대한 인지를 강화시키고 동시에 이러한 인지의 속성들은 이미지에 즉각적으로 부여되어 건축공간을 경험하는 데 결정적인 중요성을 갖게 한다. 빛은 인간이 공간을 지각하는 데 절대적이며 공간의 존재를 인식 가능하게 하는 원초적 지각요소이다.

b. 빛의 시간성; 빛은 건축공간을 구성하는 요소 중 변화하는 유일한 요소이다. 시간에 따라 변화하는 빛의 속성으로 말미암아, 3차원의 공간은 4차원으로 체험이 가능하게 되면서 공간 자체가 변화된 의미를 표출하며, 일정하지 않은 공간형태를 경험하게 하며 고정된 건축공간 형태에 감각적인 힘을 부여한다.

c. 빛의 장소성; 어떤 장소에서 시간의 경과에 따라 발생하는 빛의 일련의 변화는 그 장소만의 특이한 패턴을 형성하고, 인간은 특정 장소 그 자체의 음영의 리듬을 지각한다. 따라서 건축공간이 물리적 공간에서 벗어나 자신만의 아이덴티티를 갖기 위해서는 이러한 장소적 특성을 갖는 빛이 요구된다.

註

16) 김경재, op. cit., pp.214~215

그러므로 빛의 의미는 빛의 기능이나 특성이라는 객관적 요소 위에서 디자이너가 그 시대적 사상이나 문화적 요소를 반영하여 특정한 관점에서 표현해 낸 것이라 할 수 있다. 이러한 빛의 의미를 어떤 방식으로 표현하느냐 하는 것은 전적으로 디자이너의 상상력과 창의성에 달려있다. 건축공간의 예술성은 많은 부분 디자이너가 사용한 표현기법의 창의성과 상상력에 근거한다. 그러나 디자이너의 창의성도 디자이너가 의도한 것이 인식자들에게 동일하게 인식될 수 있을 때에 비로소 의미전달이 가능해진다. 디자이너에 의해 표현된 빛의 의미가 인식자들에게 동일하게 인식될 수 있게 해 주는 것은 그들이 공통의 사회문화적 담론 위에 서 있다는 사실뿐 아니라 또한 빛이 갖는 객관적인 특성들 때문이다. 그러므로 건축공간에서의 빛의 의미를 연구하기 위해서는 사회문화적 배경 및 디자이너의 의도와 또한 표현기법에 응용된 빛의 객관적 특성들이 함께 고려되어야 한다.

3) 의미 관련 빛 디자인 개념의 분류

지금까지 빛의 의미와 관련된 빛 디자인 개념들에 대해서도 많은 연구들이 이루어져 왔다. 이 책에서 제시한 의미와 관련된 빛 디자인 개념은 대략 16가지이다. 이 개념들은 어떤 빛의 기능들을 활용하느냐에 따라 다시 3가지 유형으로 분류할 수 있다. 빛에는 어떤 것을 상징하는 기능과 심미적 인식을 가능케 하는 기능, 그리고 사람을 감동시켜 특정한 체험을 일으키는 기능이 있다. 이 상징성, 심미성, 체험성은 지금까지 제시된 빛의 의미들을 분류하는 기준으로 사용될 수 있다[17].

(1) 상징성과 관련된 빛 디자인 개념

'신성을 표현하는 빛'

'영성을 표현하는 빛'

'이미지를 표현하는 빛'

'역사적 사건의 의미를 표현하는 빛'

'지역성을 표현하는 빛'

'매체공간을 표현하는 빛'

(2) 심미성과 관련된 빛 디자인 개념

'시적 표현의 빛'

'순수성을 표현하는 빛'

'조소성의 빛'

'복합공간을 표현하는 빛'

'공간의 투명성을 표현하는 빛'

'관조적인 빛'

註

17) 때로는 한 의미에서 이 기능들은 중복되기도 한다. 이 경우에는 그 가운데 주도적인 기능들을 중심으로 빛의 의미들을 분류할 수 있다. 예를 들면, '신성을 표현하는 빛'은 신성을 상징하면서 동시에 특정한 체험을 유도할 수 있지만, 여기에서의 강조점은 체험성보다는 상징성에 있기 때문에 상징성이 주도적 기능이 된다. 반대로 '초월적 힘을 체험케 하는 빛'은 상징성보다는 체험 자체에 포인트가 있기 때문에, 체험성이 주도적 기능이 된다. 그러므로 동일한 건축물도 주도적 기능이 무엇이냐에 따라 각기 다른 개념들이 적용될 수 있다.

(3) 체험성과 관련된 빛 디자인 개념

'상태변화를 체험케 하는 빛'

'초월적 힘을 체험케 하는 빛'

'유희성을 체험케 하는 빛'

'환영적 공간을 체험케 하는 빛'

III

조형성 관련
빛 디자인 개념

공간 관련 빛 디자인 개념

이 유형에 포함되는 디자인 개념들은 건축공간구성요소 가운데 공간(Space)과 관련되어 나타나는 특성들이다. 빛이 공간에 유입되면 3차원의 볼륨감을 형성하면서, 공간을 단순한 물리적인 성격에서 벗어나 측정 불가능한 상태로 환원시키며, 다시 새로운 조형적 가능성을 갖도록 한다. 이러한 특성들은 빛의 양과 질, 명암이나 반사, 굴절, 확산 등의 빛의 성질에 따라, 또 빛의 위치변화에 따른 변화로 말미암아, 공간으로 하여금 새로운 구체적 형상을 갖게 하며 다양한 양상으로 표현되도록 한다.

1) 중심영역을 형성하는 빛

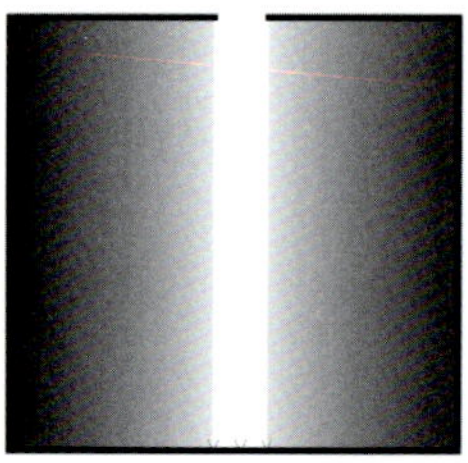

구성요소- 공간
빛의 조형성- 인지성

공간 내 특별한 영역에 가장 많은 양의 빛이나 뚜렷한 특징이 있는 빛을 유입시켜서 그곳이 공간의 중심영역임을 암시하는 빛이다. 즉, 빛의 양과 질의 차이를 이용하여 공간에 구심점이 형성되도록 하는 빛이다.

프랭크 로이드 라이트(F.L. Wright)가 설계한 구겐하임 뮤지엄(Guggenheim Museum, 1960)의 5층 천장 톱라이트에서 떨어지는 많은 양의 밝은 빛은 공간에 중심성을 강하게 하는 빛으로서, 상대적으로 어두운 저층에서 밝은 구심점을 향하는 역동적인 움직임을 유도하고 있다.〈그림1-1)-1〉

에로 사리넨(Eero Saarinen)이 설계한 엠아이티 채플(Chapel of MIT, 1955)에서 제단 위 상부 천창에서 쏟아지는 빛은, 제단 위에 장식된 금속철재를 비추며 일루전되어 반사되는 빛으로 인해 환상적인 분위기를 내며, 공간의 중심성을 상징적으로 표현하고 있다. 〈그림1-1)-2〉

예루살렘 소재 데이비슨 센터(Davidson Center, 2008)에서는 천장의 중앙 개구부를 통해 중심 진열대를 강하게 비추며 중요한 중심공간임을 더욱 강조하고 있다.〈그림1-1)-3〉

미국의 국립남북전쟁박물관(National Civil War Museum, 2008)에서는 돔 중앙의 천장 창을 통해 유입되는 빛으로 인해 공간의 중심성이 강조되며 장엄한 공간의 분위기를 자아내고 있다.〈그림1-1)-4〉

〈그림1-1〉-1〉 구겐하임 뮤지엄, 미국 뉴욕, 1960.

〈그림1-1〉-2〉 엠아이티 채플, 미국 케임브리지, 1955.

〈그림1-1)-3〉 데이비슨센터, 예루살렘, 2008.

〈그림1-1)-4〉 국립남북전쟁박물관, 미국, 2008.

2) 원심성의 빛

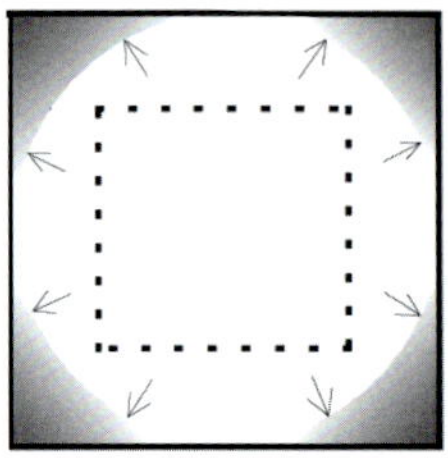

구성요소- 공간
빛의 조형성- 방향성

소위 '빛 상자' (Lighting Box)라고 불리는 것으로, 유리와 같은 투명한 소재에 의해 빛이 모든 방향에서 통과되어 들어오는 많은 양의 빛에 의해 내 · 외부의 경계가 없이 섞이며, 외부로 빛을 발산하여 하나의 강조된 빛이 외부로 점차 확산되면서 경계마저 모호해지는 원심적 공간을 형성하는 빛이다.

내부공간 어디에도 빛이 닿지 않는 곳이 없어 공간은 균질화되고 공간 자체의 풍부한 표정을 잃어버리는 결과를 초래하기도 한다. 또 시각적으로 투명한 공간감을 갖게 하기도 한다.

이런 빛의 특성은 수정궁(Crystal Palace, 1850)을 시작으로 하여, 필립 존슨(P. Johnson)의 수정교회(Crystal Cathedral, 1980)에서 적극적으로 나타났다. 이 수정교회는 높이 39m, 길이가 126m, 폭이 63m의 거대한 크리스털 유리 건물로, 비추어진 빛에 의해 거대한 빛 상자를 이룬다. 백색의 안개가 가득 찬 듯한 빛으로, 공간은 외부로 무한히 확장되어 외부와 내부 공간을 구분 짓는 경계가 모호해지

는 특성을 보인다.〈그림1-2)-1〉

이러한 균질화된 빛에 의한 특성은 특히 현대공간에서 유리 혹은 반투명의 현대적인 소재를 사용하여, 공간의 투명성을 표현하면서 빈번하게 나타나고 있다.

겐고 구마(Kengo Kuma)의 물과 유리주택(The house of water and Glass, 1995)은 내부에서 유리벽을 통해 발산되는 빛으로 인해 물 위에 떠 있는 공간은 물 밖으로까지 확산되어 내외부의 경계가 모호해진다.〈그림1-2)-2〉

독일 라이프찌히 소재의 전시관(Exhibition Center in Leipzig, 1997) 역시 반투명 혹은 투명한 벽을 통해 외부로 발산되는 빛에 의해 공간은 발광하는 빛 자체가 되며, 무한히 확장되고 경계는 모호해진다.〈그림1-2)-3〉

베이징 국제공항 터미널 3(Terminal 3 at Beijing Capital International Airport, 2008)에서도 투명유리에 의해 유입되는 빛에 의해 공간은 초점이 없이 균질화 되고, 내 · 외부 공간의 경계가 없이 공간은 무한히 외부로 확장된다.〈그림1-2)-4〉

〈그림1-2〉-1〉 수정교회, 미국, 1980.

〈그림1-2〉-2〉 물과 유리주택, 일본, 1995.

〈그림1-2〉-3〉 라이프찌히 전시관, 독일, 1997.

〈그림1-2〉-4〉 베이징 국제공항 터미널 3, 베이징, 2008.

3) 공간을 확장하는 빛

구성요소- 공간
빛의 조형성- 인지성

빛으로 인해 공간이 확장되어 보이는 시각적 효과를 내는 빛이다. 이때 빛은 공간의 형태나 재료, 색, 기타 다른 요소와 상호작용하면서 공간의 확장효과를 나타내게 된다. 여기서 공간의 확장감은 내부공간 내에서 뿐 아니라 내부에서 외부공간, 건축공간에서 자연에로의 공간의 확장감도 포함한다.

안도 다다오(Ando Tadao)가 설계한 물의 교회(Chaple on the Water, 1988)는 전면 유리로 된 창을 통해 내부공간은 외부로까지 확장되어 외부공간에 위치한 십자가의 형태를 내부공간화 시키고 있다.〈그림1-3)-1〉

이와 같이 빛의 효과를 통해 폐쇄적인 내부공간을 외부로까지 확장시키고자 하는 의도는 최근에 더욱 더 적극적으로 나타나고 있다.

중동지역에서 스틸과 유리 소재를 사용하여 건축된 대형 규모의 마스다르 본사(The Masdar Headquarters, 2008)는 원형으로 된 중정(안뜰)에서, 원형천장 개구부를 통해 유입되는 빛에 의해 내부공간

을 외부로까지 무한 확장시키고 있음을 보여준다.〈그림1-3)-2〉

그 밖에도 유리와 같은 투명한 재료를 이용하여 내부공간을 외부로까지 확장시키고 있다.〈그림1-3)-3, 4〉

〈그림1-3)-1〉 물의 교회, 일본, 1988.

〈그림1-3)-2〉 마스다르 본사, 아부다비, 2008

〈그림1-3)-3〉 란겐 재단, 독일, 2005.

〈그림1-3)-4〉 뉴욕 타임즈 빌딩, 미국 뉴욕, 2007.

4) 공간을 통합하는 빛

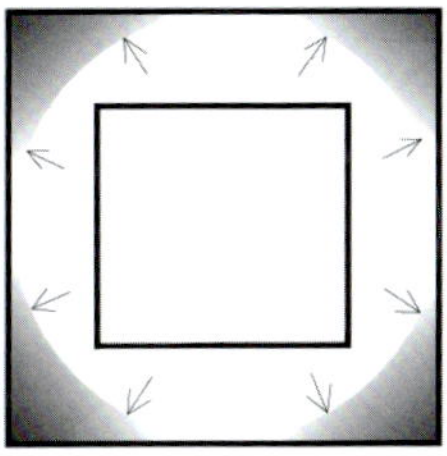

구성요소- 공간
빛의 조형성- 인지성

분절된 각 공간의 요소들이 빛으로 인해 상호 연결되어 하나의 영역을 형성하거나, 구분된 각각의 공간이 시각적으로 통합되어 하나의 공간으로서 가시화 되도록 하는 빛이다.

여기서 색과 명암은 분절된 공간을 강하게 통합시켜 주는 요소로 작용하기도 한다. 이와 같이 빛은 공간의 확장감을 유도하기도 하지만, 확장된 공간을 가시화하기 위해 하나의 범주로 묶어 주기도 한다. 이러한 빛은 공간에 질서를 부여함과 동시에 심리적 안정감을 제공할 수 있다.

스티븐 홀(Steven Holl)의 디이 쇼우 회사(D.E. Shaw & Co., 1992)에서는 이러한 빛에 의해 공간을 통합하는 효과가 잘 나타나고 있다. 단순한 정육면체 공간에서 각각의 벽들은 이중의 복합구조로 되어 있다. 이중의 벽 틈 사이가 갈라지고 조각되고 잘려져서 그 간격을 통해 다른 공간이 보일 수 있도록 되어 있다. 틈의 뒤쪽 면이나 밑면에는 색이 칠해져 있고, 이 색채는 자연광이나 인공조명에 의해 공간 속으로 투사된다. 색의 강렬함은 반사과정에 의해 감소되기 때문에 실제의 색 면은 보이지 않으나, 벽면을 따라 보다 넓은 범위로 빛이 투사되어 발광하는 색 빛만이 보이게 되어 있다. 따라서 구분된 각각의 영역은 찢어진 틈 사이로 보여지고 비슷한 빛의 특성에 따라 서로 연결되어, 각 영역의 사각공간은 내부지향적이며 통합된 성격을 갖게 된다.〈그림1-4)-1〉

이와 같은 효과는 성 이그나티우스 성당(St. Ignatius Chapel, 1997)에서도 동일하게 나타나고 있다. 7개의 볼륨덩어리로 구성된 전체의 공간에는 각각의 볼륨덩어리가 만나는 부분에서 생긴 틈 사이로 강렬하고도 유사한 빛들이 유입된다. 이 빛들로 인해 상이한 각각의 볼륨은 하나로 통합되어 인식되어진다.〈그림1-4)-2〉

프랭크 게리(Frank Gerry)의 빌바오 구겐하임(Guggenheim Bilbao, 1997) 뮤지엄, 스타타 센터(The Stata Center, 2004) 내부 역시 왜곡된 형태의 볼륨들이 접하는 부분에서 비예측적으로 유입되는 유사한 성질의 빛으로 인해, 각기 다른 형태로 분절된 볼륨들은 통합되어 한 공간임을 암시한다.〈그림1-4)-3, 4〉

〈그림1-4〉-1〉 디이 쇼우 회사, 미국 뉴욕, 1992.

〈그림1-4〉-2〉 성 이그나티우스 성당, 미국 워싱턴, 1997.

〈그림1-4)-3〉 빌바오 구겐하임, 스페인, 1997.

〈그림1-4)-4〉 스타타센터, 미국 메사추세츠, 2004.

5) 공간을 분절하는 빛

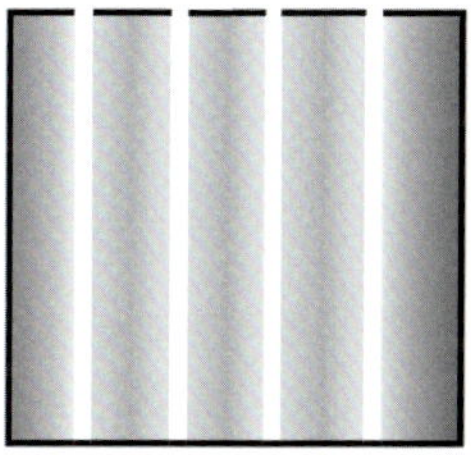

구성요소- 공간
빛의 조형성- 인지성

구조에 의해 하나의 공간을 여러 개로 분절하는 물리적 공간의 분할을 빛에 의해 더욱 강조하거나, 지각적 차원의 비실체적인 공간을 빛의 음영으로 분할함으로써 시각적 분할효과를 더욱 강하게 하는 빛이다. 이러한 빛의 분절은 주로 구조물에 의한 빛과 그림자의 음영의 시각적 대비효과로 더욱 강조되며, 빛이 물체의 면을 분절하여 공간의 형태를 강조하기도 하고, 또 다양한 빛의 배분으로 공간의 기능적 분화가 강조되기도 한다.

알바 알토(Alvar Aalto)의 료욜라 교구회 교회(Riola Parish Church, 1978)에서는 머리 위의 거대한 가리게 모양의 부채꼴 창을 통해서 부드러운 북측 채광이 유입되고 지붕 최상부의 작은 홈으로부터 유입된 빛이 반사되어 탈색, 반투명화 되면서 교회 안의 모든 부분으로 확산되고 있다. 또 공간의 파인 부분에는 약간의 희미한 빛이 투과되어 내부공간 전역으로 침투하고 있는데, 이렇게 유입된 빛이 여섯 개의 아치 구조물에 의해 음영을 형성하면서 하나의 공간이 여러

개로 분할되는 효과를 나타낸다.〈그림1-5)-1〉

루이스 칸(Louis Kahn)의 엑스터 도서관(Exeter Library, 1971)에서 보여지는 공간 분절의 현상은 특별한 구조물이나 형태적인 것에 의한 구분보다는 빛의 사용을 통해 분절된 공간의 효과를 얻고 있다. 확정적인 빛을 받는 중앙 홀과 개인열람실, 그리고 이 두 공간을 매개하는 특별한 복도는 하나의 건물을 동심원의 형태로 3분할하고 있다. 복도에서 아치와 원형 벽, 그 다음의 구조물에 의한 서로 다른 성질의 연속적인 빛의 투영은 공간의 분절을 야기시키고 공간에 주종의 위계성을 암시한다. 각 실은 크기와 빛에 의한 질의 위계에 따라 분류되어 종속공간과 주공간, 방향성을 가진 공간과 방향성이 없는 공간으로 구분되고 있다[18].〈그림1-5)-2〉

마리오 보타(Mario Botta)의 유대인 회관(Cymbalista Synagogue and Jewish Heritage Center, 2003)에서는 천장의 거대한 구조물에 의해 걸러져서 실내로 유입되는 빛으로 인해 거대한 내부공간은 사방으로 분절되고, 육중한 벽체는 한결 가벼워지는 효과를 보인다.〈그림1-5)-3〉

스웨덴 소재의 칼마르 아트 뮤지엄(Kalmar Museum of Art, 2008)에서도 천장구조물에 의한 빛 유입에 의해 내부공간의 볼륨이 분절되고 있음을 보여준다.〈그림1-5)-4〉

註

18) 정수진, op. cit., p.106.

〈그림1-5)-1〉 료욜라 교구회 교회, 이태리, 1978.

〈그림1-5)-2〉 엑스터 도서관, 미국 뉴햄프셔, 1971.

〈그림1-5)-3〉 유대인 회관, 이스라엘, 1998.

〈그림1-5)-4〉 칼마르 아트 뮤지엄, 스웨덴, 2008.

6) 공간을 차별화 하는 빛

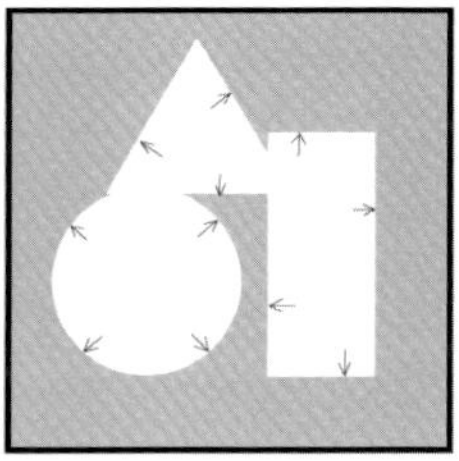

구성요소- 공간
빛의 조형성- 인지성

광범위한 공간 내의 각 영역에 서로 다른 성격의 빛을 유입함으로써 시지각적으로 또는 심리적으로 서로 다른 영역이거나 장소임을 분명히 지각할 수 있도록 해 주는 빛이다.

빛의 유입방향, 색, 빛의 반사 등의 성질을 이용하여 공간 내 각 영역의 성격을 차별화시켜 물리적인 파티션이 없이도 각각의 영역이 독자적인 성격을 갖는 공간으로 지각되도록 유도할 수 있다. 또 이러한 빛은 강한 음영의 대조 혹은 색이 포함된 빛에 의한 다양한 공간효과로 인해 인간에게 풍부한 시각적 경험을 제공하는 중요한 조형적 요소로 작용하기도 한다.

렌조 피아노(Renzo Piano)가 설계한 하이 아트 뮤지엄(High Museum of Art, 2005)의 각 전시실에서는, 서로 다른 방향에서 유입되는 빛의 질의 차이를 이용하여 단순히 흰색 벽으로 구성되어 구분하기 힘든 각 영역들을 차별화시키고 있다.〈그림1-6)-1, 2, 3〉

독일 소재의 메르세데스-벤츠 뮤지엄(Mercedes-Benz

Museum, 2005)에서, 대형 공간의 서로 다른 영역은 각각의 특이한 빛의 성격으로 인해 차별화되고 있다.<그림1-6>-4, 5, 6>

〈그림1-6〉-1, 2, 3〉 하이 아트뮤지엄, 미국 애틀랜타, 2005.

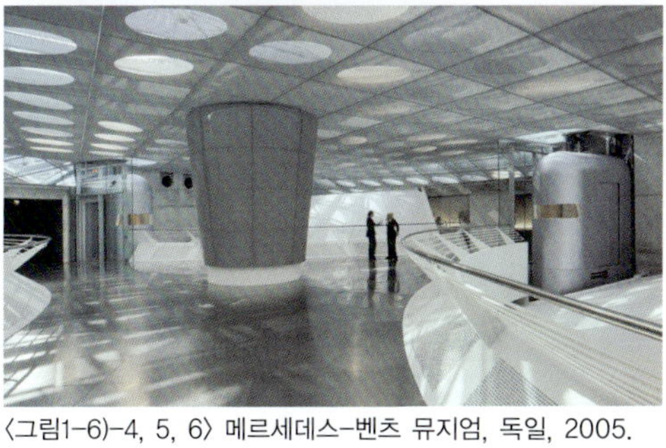

〈그림1-6〉-4, 5, 6〉 메르세데스-벤츠 뮤지엄, 독일, 2005.

7) 전이공간을 형성하는 빛

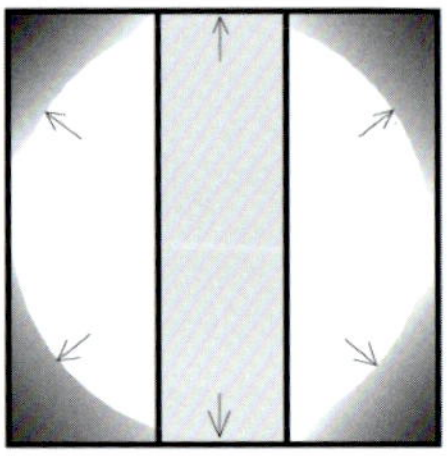

구성요소; 공간
빛의 조형성; 인지성

실제적인 전이공간(통로나 연결공간)을 빛으로 강조해 더욱 효과적인 공간으로 연출하거나, 실제적인 전이공간이 존재하지 않더라도 공간과 공간이 맞닿는 면에 빛을 유입하여 공간을 연결함으로써 시각적인 전이(매개)공간을 형성하는 빛이다. 실내공간은 다양한 요소가 결합되어 전체를 구성하는 것이어서 독립된 요소가 연결되는 결합부분이 나타나기 마련이며, 빛은 이러한 연결부분을 미묘하게 강조하여 전이적인 성격을 보다 강하게 부여할 수 있다.

루이스 칸(Louis I Kahn)이 설계한 방글라데시 병원동(National Capital of Bangladesh Hospital, 1974)에서 빛은 '이중벽' 이라는 구조를 통하여 투과되어 다양한 형식의 구멍을 통해 실내로 유입되어진다. 이때 반외부의 통로공간의 빛은 외부에서 유입되는 밝은 빛에 의해 내부공간에 비해 상대적으로 밝아서 내부공간과 구별된 전이공간으로서의 성격을 강화하며, 이때 외부, 통로(전이), 내부 각각의 공간들은 빛에 의해 중첩되어 공간의 깊이감을 형성하고 있다.〈그림1-

7)-1〉

마리오 보타(Mario Botta)가 설계한 그리스 국립은행(National Bank of Greece, 2001)의 통로공간은 천장 창에서 유입되는 강렬한 빛에 의해 전이공간으로서의 성격이 강화되었다.〈그림1-7)-2〉

또 프레드릭 듀렌메트 센터(Friedric Durrenmatt Center, 2000)에서는 실제 물리적으로 공간이 구분되어 있지는 않지만, 벽을 따라 천장에서 유입되는 빛에 의해 그 영역은 내부공간의 중심부분과 구별된 또 다른 성격의 공간(전이 공간)으로서 나타나고 있음을 보여준다.〈그림1-7)-3〉

프랑스 소재 노르망디 미국인 묘지 방문자센터(Normandy American Cemetery Visitor Center, 2007) 입구는 천장에서 유입되는 빛으로 인해 전이공간으로서의 영역성이 더욱 강조되고 있다.〈그림1-7)-4〉

〈그림1-7〉-1〉 방글라데시 병원동, 방글라데시, 1974.

〈그림1-7〉-2〉 그리스 국립은행, 그리스, 2001.

〈그림1-7)-3〉 프레드릭 듀렌메트 센터, 스위스, 2000.

〈그림1-7)-4〉 노르망디 미국인묘지 방문자센터, 프랑스, 2007.

8) 중첩성의 빛

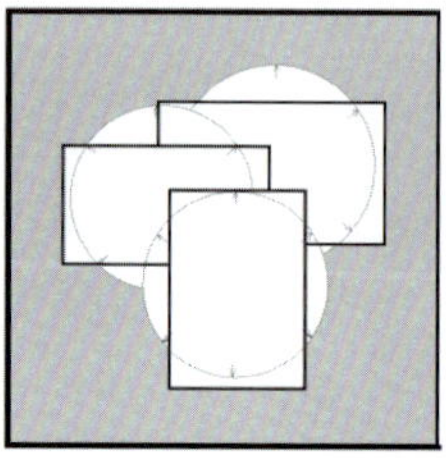

구성요소; 공간
빛의 조형성; 투명성

빛에 의해 공간이 겹쳐져 보이는 효과를 내는 빛이다. 이런 중첩효과로 공간에 변화가 있게 되고 공간의 연속성과 깊이감이 형성된다. 또 빛의 투과에 의한 투명한 면이 하나의 켜(Layer)가 되어 공간과 공간을 구별하고 연결시키는 다양한 효과를 내는 조형요소로 작용하기도 한다. 이러한 빛의 중첩효과는 공간의 투명성을 유발시킨다.

시카고의 페인티드 아파트(Painted Apartment, 1983)에서는 투명한 소재의 파티션을 통해 구분된 공간이 실내로 유입된 빛에 의해 중첩되며 연결되며, 공간의 투명성이 표현되고 있다.〈그림1-8)-1〉.

일리노이 소재의 테크노센터(Shure Technology Center, 2004)에서도 역시 투명한 소재의 벽들에 의해 구분된 각각의 공간은 빛에 의해 서로 중첩되어 보여지며, 어떤 이미지를 상징적으로 표현하고 있다.〈그림1-8)-2〉

〈그림1-8)-3〉(Schanzenstrasse, 2008)은 두 빌딩 사이에 유리박스로 된 미팅 룸을 삽입하면서 빌딩 안으로 깊이 있게 일광을 받아

들여 빛의 조명효과에 의해 외부와 내부가 중첩되어 나타나는 특이한 공간을 보여주고 있다.

〈그림1-8)-4〉(Unilever House(100VE), 2007) 역시 투명한 유리벽에 의해 내부와 홀의 통로공간과 외부가 서로 중첩되어 연속적으로 보여지는 공간의 특성을 보여준다.

〈그림1-8〉-1〉 페인티드 아파트, 미국 시카고, 1983.

〈그림1-8〉-2〉 테크노센터, 미국 일리노이, 2004.

〈그림1-8〉-3〉 스칸젠스트라제, 독일 쾰른, 2008.

〈그림1-8〉-4〉 유니레버하우스100VE, 영국 런던, 2007.

9) 상호관입성의 빛

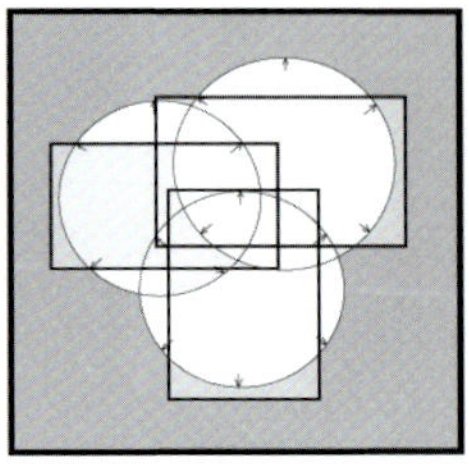

구성요소; 공간
빛의 조형성; 투명성

빛에 의해 각각의 공간이 서로 상호 관입되는 특성을 강조하는 빛이다. 공간의 상호관입은 두 개 이상의 공간이 부분적으로 겹쳐 있거나 서로 관통되어 공유공간이 형성되도록 맞물려 겹쳐져 있는 상태를 의미한다. 이러한 빛에 의한 상호관입성의 효과 역시 공간의 연속성과 투명성, 깊이감을 형성하며, 공간 본래의 특성과 범위를 유지하면서도 서로 교차되는 데 따른 역동성의 효과도 유발시킨다.

프랭크 로이드 라이트(F. L. Wright)가 설계한 낙수장(Edgar J. Kaufmann House, "Fallingwater", 1935)은 내 · 외부 공간을 서로 크게 삽입시키며 공간의 자연과의 통합을 이루려 하였다.〈그림1-9)-1〉

루이스 칸(Louis I. Kahn)이 설계한 미크베 유태교 회당(Mikveh Israel synagogue, 1972)은 빛을 받아들이기 위해 삽입된 원형의 공간들에서 유입되는 빛에 의해 내부와 외부의 공간은 서로 상호 관입되고 공간의 연속성과 투명성, 깊이감을 형성하고 있다.〈그림1-9)-2〉

오윙스와 메릴(Owings & Merill)이 설계한 부어초등학교(Burr Elementary School, 2004)에서는 공간의 중앙에 중정을 두어 그곳에서 유입되는 빛에 의해 내 · 외부공간은 서로 상호 관입되어 내 · 외부공간의 연속성을 부여하고, 공간의 투명함이 표현되고 있다.〈그림1-9)-3〉

워싱턴 디시에 메인 지하철 정거장(The subterranean Stuttgart Main Station, 2005)은 어두침침한 지하공간에 상부의 외부공간을 상호 관입시켜 빛을 유입하면서, 더 이상 어두운 지하공간이 아닌 내 · 외부공간이 통합된 공간을 성공적으로 이루어내고 있다.〈그림1-9)-4〉

〈그림1-9)-1〉 낙수장, 미국 펜실베이니아, 1935.

〈그림1-9)-2〉 미크베 유태교 회당, 미국 필라델피아, 1972.

〈그림1-9)-3〉 부어초등학교, 2004.

〈그림1-9)-4〉 워싱턴 디시 메인 지하철 정거장, 미국 워싱턴, 2005.

10) 부유하는 빛

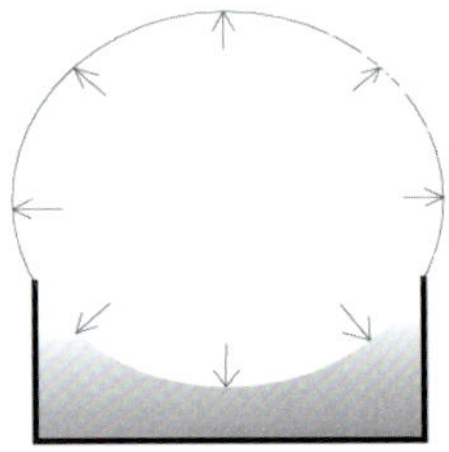

구성요소; 공간
빛의 조형성; 투명성

빛의 투명한 성질에 의해 공간의 성격을 표현하는 특성으로서, 빛이 반투명한 유리나 합성물질 같은 소재를 통과함으로써 부드럽게 분산되는 빛으로, 시각적으로 매스감이 상실되고 공간이 균질한 상태로 부유하는 것과 같은 효과를 연출하는 빛이다.

앞의 원심성의 빛(Lighting box)과 다른 점은 사방으로 빛이 퍼지지 않고 공간이 위로 뜨는 듯한 느낌이 강하다는 점이다. 이러한 빛의 공간에서도 사물의 존재감이 소거되고, 뚜렷한 그림자도 생기지 않으며, 발광체의 빛이 내부에 들어온 듯한 공간의 투명성, 비물질성을 나타낸다.

프랭크 로이드 라이트(F. L. Wright)가 설계한 존 엔 손 행정빌딩 내부는(Johns and Son Administration Building, 1936) 기둥과 보가 일체를 이루는 구조와 하중에서 자유로운 파이렉스 유리 튜브(pyrex glass tube) 벽으로 이루어져 있다. 반투명한 천장과 이들 벽을 통과해 들어온 빛은 잔잔한 입자로 공간 내에 분산되어 천장은 마치 수중으로부터 우러러 본 수면과 같이 빛나고, 원주 상부의 원반은 떠있는 유리 속에 부유하고 있는 느낌을 주는 환상적인 공간감을 연출한다.〈그림1-10)-1〉

마리오 보타(Mario Botta)가 설계한 스위스 중앙버스터미널(Central Bus Terminal, Switzerland, 2001)은 상부에서 발광하는 빛 구조물에 의해 부유하는 공간을 연출하고 있다.〈그림1-19)-2〉

오윙스(Owings)가 설계한 이스라엘의 벤 구리온 터미널3(Ben Gurion Terminal 3, 2004) 역시 상부에서 발광하는 천장구조물에서 발산하는 빛에 의해 공간은 균질화되고 부유하며 비물질성을 나타낸다.〈그림1-10)-3〉

렌조 피아노가 설계한 로스앤젤레스 지역 브로드 현대아트 뮤지엄은(Broad Contemporary Art Museum, 2008) 특수한 천장구조장치를 통해 빛을 유입하면서 천장면 전체가 발광하는 빛으로, 부유하는 공간을 연출하고 있다.〈그림 1-10)-4〉

〈그림1-10〉-1〉 존 엔 손 행정빌딩, 미국 위스콘신, 1936.

〈그림1-10〉-2〉 중앙버스터미널, 스위스, 2001.

〈그림1-10〉-3〉 벤 구리온 터미널3, 이스라엘, 2004.

〈그림1-10〉-4〉 브로드 현대아트 뮤지엄, 미국 로스앤젤레스, 2008.

11) 위계성을 형성하는 빛

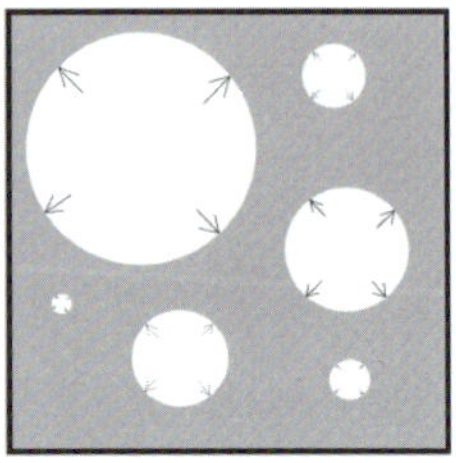

구성요소; 공간
빛의 조형성; 인지성, 방향성

빛에 의해 공간 내의 각기 다른 영역을 한정하되, 빛의 상대적 밝기(명암)와 빛의 질, 양에 차이를 두어 공간에 질서를 부여하며 인간의 지각적 특성에 따라 자연스러운 위계성이 느껴지도록 하는 빛이다.

프랭크 로이드 라이트(F.L. Wright)의 유니티 교회(Unity Church, 1904)는 중심이 되는 예배공간에 가장 강한 빛을 도입하고 그 외의 공간은 상대적으로 어둡게 처리하여 전체 건축공간 내에 위계성을 부여하고 있다. 이것은 공간 내 방향감을 유도하기도 한다.〈그림1-11)-1〉

교토 콘서트 홀(Kyoto Concert Hall, 1995)과 노르웨이 국립오페라 하우스(The National Opera House, 2008)에서는 중앙무대에 가장 강한 빛을 도입하고 관중석에서 밖으로 향해 점차적으로 어둡게 처리되면서 공간 내에 빛에 의한 위계성이 나타나고 있다.〈그림1-11)-2, 3〉

〈그림1-11)-1〉 유니티 교회, 미국 일리노이, 1904.

〈그림1-11)-2〉 교토 콘서트 홀, 일본, 1995.

〈그림1-11)-3〉 국립오페라 하우스, 노르웨이, 2008.

12) 초점을 형성하는 빛

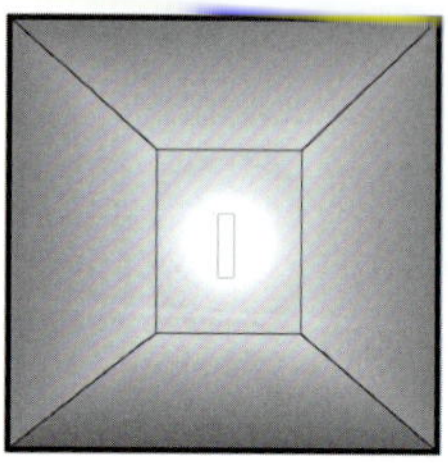

구성요소; 공간
빛의 조형성; 방향성

강렬한 밝은 빛을 이용하여 주위와 강한 명암의 대조를 이루도록 하면서 공간에 초점을 형성하도록 하는 빛이다. 이러한 빛은 공간의 깊이감을 형성하며 방향감을 갖도록 유도한다. 주위와의 강한 대조를 통해 공간 내에 특히 정점을 형성하거나 강조함으로써 드라마틱한 공간을 연출하기도 한다.

일본의 이누지마 아트 프로젝트(Inujima Art Project, 2008)에서 터널과 비슷한 분위기를 형성하는 동쪽 갤러리 내부는 빛에 의해 강한 초점을 형성하는 공간을 연출하고 있다.〈그림1-12)-1〉

스페인의 토리코 광장(Plaza del Torico, 2008)에서는 입구의 강한 빛들이 어두운 공간에 초점을 형성하며 동선방향을 암시하고 있음을 보여준다.〈그림1-12)-2, 3〉

멕시코 소재 리카도 레고레타 자택(Ricardo Legorreta House, 1997)에서도 역시, 강렬한 분홍색이 칠해진 통로공간에서 반사되는 컬러 빛에 의해 공간에 초점을 형성하며 동선의 방향을 유도하고, 특

이한 분위기의 공간을 연출하고 있다.〈그림1-12)-4〉

〈그림1-12)-1〉 이누지마 아트 프로젝트, 일본, 2008.

〈그림1-12)-2〉 토리코 광장, 스페인, 2008.

〈그림1-12〉-3〉 토리코 광장, 스페인, 2008.

〈그림1-12〉-4〉 리카도 레고레타 자택, 멕시코 시티, 1997.

13) 동감(動感)을 표현하는 빛

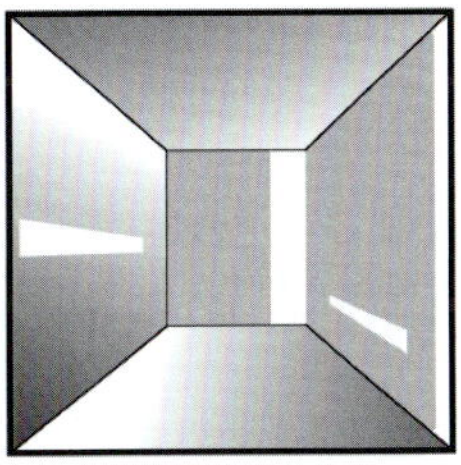

구성요소; 공간
빛의 조형성; 방향성

빛은 시간이 지남에 따라 변화하며, 파동하는 특성으로 인해 자체의 동성을 갖는다. 이러한 빛의 특성은 시간의 흐름에 따른 빛의 형태나 성질의 변화, 그리고 빛의 움직임으로 말미암아 정적인 3차원의 공간에 형태변화를 일으켜 시간성이 포함된 4차원적 동성을 체험하도록 한다. 시간의 흐름에 따라 다르게 유입되는 빛은 공간 내에 형태의 변화를 유발하고 변화된 질을 표출하며 고정된 건축형태에 살아서 움직이는 감각적인 변화를 부여한다. 이러한 빛의 특성을 이용하여 공간 내 구성요소들과 결합하여 이런 빛의 효과가 최대화되도록 표현된 빛이다.

로마의 판테온(Pantheon) 신전에서 유일한 개구부인 천장의 원형 개구부에서부터 원형 홀에 유입되는 빛은, 빛의 형태나 위치가 시간이 지남에 따라 변화되면서 내부 구성요소들의 특성을 더 강화시키며 밀폐된 공간이 시시각각 움직이는 동감을 형성하도록 한다. 〈그림 1-13)-1〉

르 꼬르뷔지에의 라뚜레뜨 수도원(Convent de La Tourette, 1959)은 성구실 상부 천창의 세 개의 서로 다른 방향에서 유입되는 빛으로 인해, 시간이 지남에 따라 서로 다르게 움직여 이동하며 발산되는 컬러 빛의 특성에 의해, 정적인 공간은 살아서 움직이는 듯한 생명력 있는 공간 분위기를 연출하며 4차원적 공간의 동성을 체험하도록 한다. 〈그림1-13)-2〉

스티븐 홀의 성 이그나티우스 성당(St. Ignatius Chapel, 1997)의 예배실 역시, 분절된 각각의 매스가 만나는 지점의 틈 사이로, 서로 다른 방향에서 유입되는 상이한 빛들의 움직임에 의해 공간은 살아 움직이는 듯한 생명력을 갖는 공간으로 연출되었다.〈그림1-4)-2〉

안도 다다오의 키도사키 하우스(Kidosaki House, 1984)는 미니멀리즘의 단순한 형태와 구성요소들로 이루어진 공간은 천장 모퉁이에서 유입되는 빛이 시간이 지남에 따라 그 형태와 성질이 변화됨으로써 정지된 공간이 아닌 살아서 움직이는 동적인 공간으로 변화된다. 텅 비어 있는 단순한 형태의 공간은 시시각각 변화되는 음영의 길이와 형태로 말미암아 일정하지 않은 형태를 경험하도록 한다. 〈그림1-13)-3〉

썬셋 랜드마크 빌딩(Sunset Landmark Building, 2005) 내부에서는 빛이 비쳐지는 각도의 변화에 따른 반사각의 변화로 공간은 일정하지 않은 형태의 변화를 보이며, 이에 따라 동적인 4차원의 공간을 표현하고 있다.〈그림1-13)-4〉

〈그림1-13)-1〉 로마 판테온신전

〈그림1-13)-2〉 라뚜레뜨 수도원, 프랑스, 1955.

〈그림1-13〉-3〉 키도사키 하우스, 일본, 1984.

〈그림1-13〉-4〉 썬셋랜드마크빌딩, 미국 할리우드, 2005.

14) 방향성의 빛

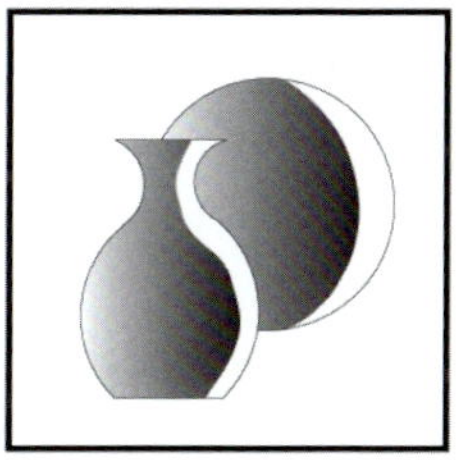

구성요소; 형태
빛의 조형성; 인지성

빛에 의해 공간에 초점을 형성하거나 빛에 의한 동감(動感)들이 복합적으로 작용하면서, 빛이 공간 특성들과의 상호작용을 통해 공간 내에서 의도적으로 동선을 유도하며 방향성을 갖도록 계획하는 빛이다. 즉, 공간 내 극적인 정점(초점)을 연출하여 지시하거나, 비슷한 유형의 빛의 반복적 사용으로 공간의 축을 형성하면서 강한 연속성을 표현하거나, 빛의 강약의 차이를 통해 위계성을 형성하거나, 빛의 시간적인 움직임이나 변화에 의한 동감을 형성하면서 공간 내에 연속성을 갖도록 하여 공간에서 방향감이 느껴지도록 하는 빛이다.

〈그림1-14)-1〉은 고대 풀장(Cryptoporticus of the Swimming Pool, A.D. 126)이 있었던 곳으로, 밖을 향해서 유입되는 밝은 빛에 의해 공간은 초점을 형성하며 강한 방향성을 암시하고 있음을 보여준다.

스위스의 코에클린 하우스(Koechlin House, 1996)는 통로공간 밖에서 강하게 비추이는 빛에 의해 초점이 형성되고 또 통로공간에 선적인 방향성을 갖는 조명의 효과에 의해서, 공간 내에서는 방향감이 강하게 표현되고 있음을 보여 준다. 〈그림1-14)-2〉

안도 다다오(Tadao Ando)가 설계한 지중미술관(Chichu Art Museum, 2004) 통로공간에서는 빛을 이용하여 각 층의 전시실을 연결하는 동선의 방향을 유도하고 있다. 〈그림1-14)-3〉

레고레타가 설계한 하와이 하우스(House in Hawaii, 2002)에서는 각 실에서의 빛의 강약의 차이를 통해 위계성을 형성하면서 공간 내에 연속성을 갖도록 하며 방향감이 느껴지도록 하고 있다. 〈그림1-14)-4〉

〈그림1-14)-1〉 수영장 풀의 주랑(柱廊), 이태리, A.D. 134

〈그림1-14〉-2〉 코에클린 하우스, 스위스, 1996.

〈그림1-14〉-3〉 지중미술관, 일본, 2004.

〈그림1-14〉-4〉 하와이 하우스, 하와이, 2002.

형태 관련 빛 디자인 개념

이 유형의 빛의 디자인 개념들은 빛이 공간에 유입되면서 2차원의 형태(Form)와 관련되어 나타나는 특성들이다. 빛은 형태 없이 지각될 수 없고 형태는 빛 없이 지각될 수 없다. 빛은 사물의 형태를 인식시키고 데이터를 전달하는 매개체이다. 빛이 비춰짐으로써 사물은 비로소 그 모습을 드러냄과 동시에 인간의 시각은 빛 속에서 형태들을 지각하도록 되어 있다.

15) 형태를 드러내는 빛

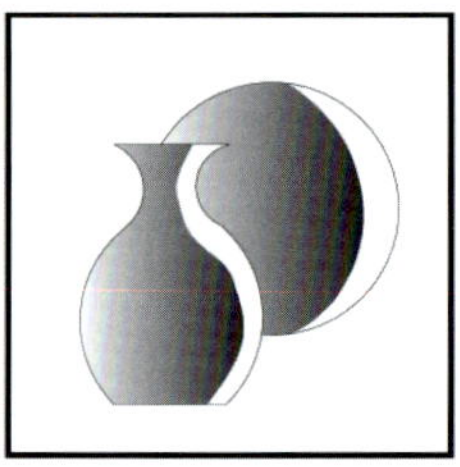

구성요소; 형태
빛의 조형성; 인지성

강한 빛으로 빛과 그림자 혹은 빛의 음영의 강한 대조를 통해 형태의 표출을 더욱 강하게 하는 빛이다.

그리스의 파르테논(Parthenon) 신전은 외부형태를 강조하기 위한 빛의 효과를 잘 표현하고 있다. 열주들은 내부공간에 빛을 유입시키기 위한 개구부로서의 역할을 하는 것이라기보다는 주신에 새겨진 골줄(flutes)에 의해 그림자를 반복함으로써 연직선을 강조하여 회랑의 그늘진 배경과 대조되어 입체감을 강조하고 있으며, 열주 위에 수평으로 장식된 코니스는 태양의 위치에 따라서 빛과 그림자의 다양한 리듬이 부여된 신전 형태의 정면성을 강조하고 있다. 또한 회랑 자체에서는 빛과 어두움의 반복으로 리드미컬한 연속적 공간을 형성하고 있다.〈그림1-15)-1〉

루이스 칸(Louis I. Kahn)이 설계한 다카의 국회의사당(National Capital of Assembly Hall, 1974)에서 개구부들은 빛과 그림자에 의한 내부와 외부의 강한 대조를 통해 형태의 존재를 강하게 드러내는 효과를 위한 수단이 되고 있다.〈그림1-15)-2〉

시애틀 퀸 앤 파크(Queen Ann Park, 2006)〈그림1-15)-3〉와 중국 상하이 2010 엑스포 덴마크 파빌리온(Danish Pavilion, Expo 2010, 2009)〈그림1-15)-4〉은 각각의 모형에 빛 실험을 한 것으로, 빛에 의해 공원 내의 형태나 경사의 정도를 얼마나 잘 드러내고 있는가를 잘 보여 주고 있다.

〈그림1-15)-1〉 그리스 판테온신전

〈그림1-15)-2〉 다카의 국회의사당, 방글라데시, 1974.

〈그림1-15)-3〉 퀸 앤 파크, 미국 시애틀, 2006.

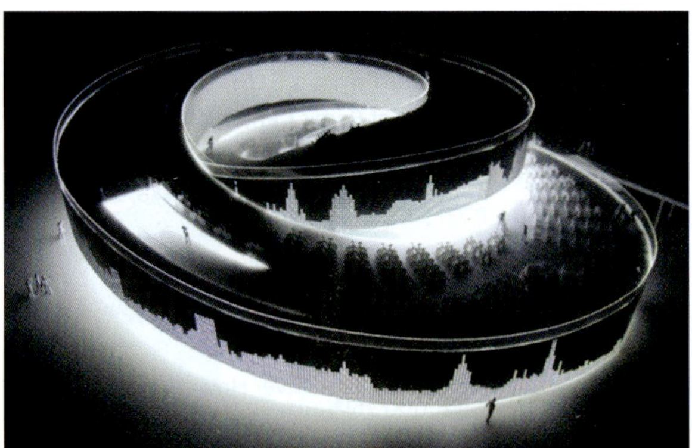

〈그림1-15)-4〉 중국 상하이 2010 엑스포 덴마크 파빌리온, 2009.

16) 형태를 생성하는 빛

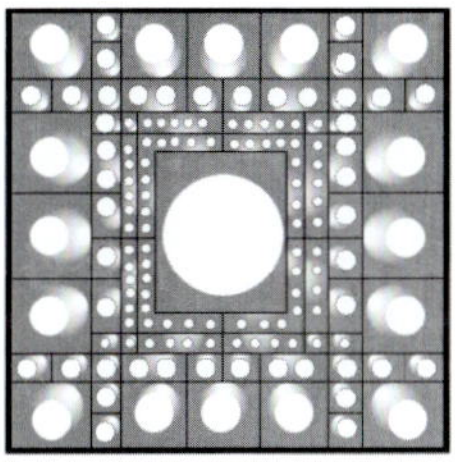

구성요소; 형태
빛의 조형성; 인지성

구조 혹은 벽, 여과체 등의 물체에 의해 유입되는 빛의 특성이 공간의 새로운 형태를 생성하는 주된 요인으로 작용하는 빛이다.

장 누벨(Jean Nouvel)이 설계한 아랍연구소(Institute de Monde Arabe, 1980) 남쪽 파사드는 총 27,000개의 컴퓨터로 조정되는 조리개로 요구되는 빛의 양이 조절되면서 공간의 주된 형태를 형성한다. 또 이 조리개로 빛을 선택적으로 수용하면서 빛의 노출과 반사의 특성을 강조하며 아랍의 전통적인 기하학적 문양을 연상하도록 한다.〈그림1-16)-1〉

안도 다다오(Ando Tadao)가 설계한 빛의 교회(Church of the Light, 1988)는 폐쇄된 공간에서 가늘게 교차된 선적인 개구부에 의해 유입되는 빛에 의해 십자형을 생성하며 종교적이며 영적인 공간임을 상징적으로 표현하고 있다.〈그림1-16)-2〉

미국의 아칸소(Arkansas)주 소재 가시관교회(Thorncrown Chapel, 1980)에서는 건축 구조물과 그 뼈대 사이로 유입되는 빛의

특성에 의해 공간의 형태가 만들어지고 있다.〈그림1-16)-3〉

또 베이징에 있는 그린픽스 빌딩(Greenpix, 2007)에서는 매우 정교한 테크놀로지 기술에 의해 수많은 픽셀에 의한 빛의 효과로 다양한 이미지나 형태들을 생성하며 공간의 파사드를 장식하고 있음을 보여준다.〈그림1-16)-4, 2-6)-2, 2-6)-2, 3〉

〈그림1-16)-1〉 아랍연구소, 프랑스 파리, 1980.

〈그림1-16)-2〉 빛의 교회, 일본 오사카, 1988.

〈그림1-16)-3〉 가시관교회, 미국 아카소 주, 1980.

〈그림1-16)-4〉 그린픽스 빌딩, 베이징, 2007.

17) 과장

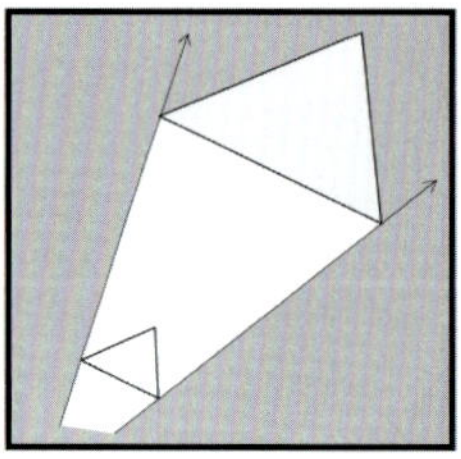

구성요소; 형태
빛의 조형성; 장식성

형태의 과장(Exaggerating), 혹은 왜곡현상을 낳게 하는 특성으로서, 물체를 비추는 빛의 그림자에 의해 형태의 크기가 확대되거나 형태의 변형 등을 통해서 실제보다는 과장된 드라마틱한 효과를 내고자 하는 빛이다.

필립 존슨(Phillip Johnson)이 설계한 뉴욕의 에이티 엔 티 빌딩(A.T. & T. Building, 1983)의 홀 내에서는 조각상에 비쳐진 빛에 의해 조각상의 형태가 과장되어 벽체에 형성된 그림자로 인해 드라마틱한 공간을 연출하고 있다.〈그림1-17)-1〉

파리 소재 루이스 베통(Louis Vuitton) 전시장 내에서는 비디오 프로젝트를 통해 화면을 과장되게 표현하여 드라마틱한 효과를 내고 있다.〈그림1-17)-2〉

미국 애리조나 주 볼더 레지던스(Boulder residence, 2007) 외벽에서는 구리로 만든 태양막이 캐노피를 통해 걸러진 빛의 그림자가 과장되게 비쳐지면서 드라마틱한 외관을 형성하고 있음을 보여준다.

〈그림1-17)-3〉

〈그림1-17)-1〉 에이티 엔 티(AT&T) 빌딩, 미국 뉴욕, 1983.

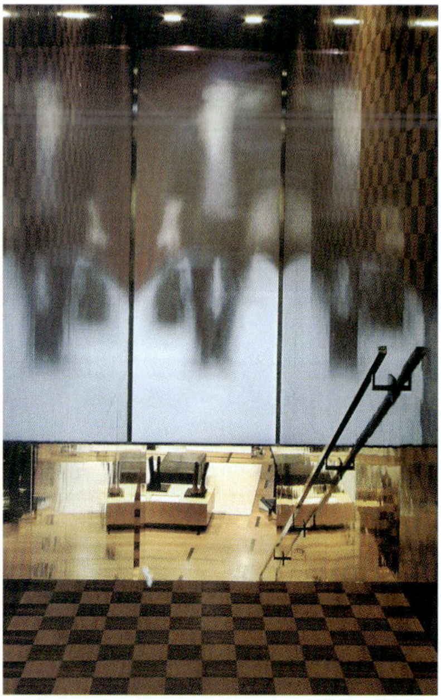

〈그림1-17〉-2〉 루이스 베통 전시장, 프랑스 파리, 2006.

〈그림1-17〉-3〉 볼더 레지던스, 미국 애리조나, 2006.

구조체 관련 빛 디자인 개념

이 유형의 빛 디자인 개념들은 빛이 유입되면서 공간을 구성하는 물리적 구성요소인 바닥, 벽(기둥 포함), 천장의 구조체와 상호작용하면서 나타나는 현상들이다. 빛은 반드시 구조체를 통해 받아들여지기 때문에 구조체는 빛의 형태나 성격을 결정짓게 된다. 다시 말하면 구조체는 빛과 통합된 유기체로서 작용한다.

18) 구조와 통합된 빛

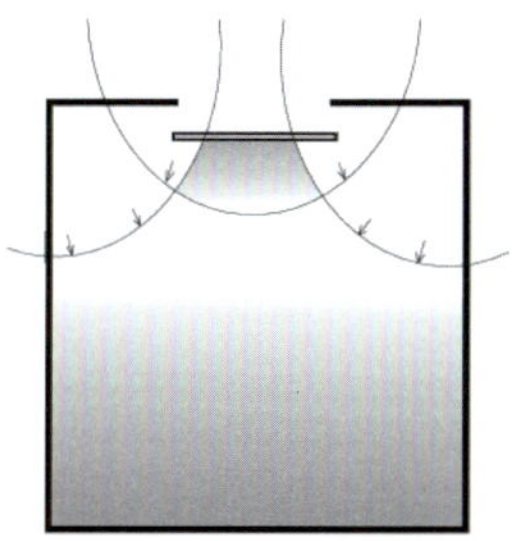

구성요소; 구조체
빛의 조형성; 인지성

빛에 의해 구조체의 존재가 확연히 드러남과 동시에 구조체와 빛이 융합되어서 하나의 통합적 공간을 형성하게 하는 빛이다.

루이스 칸(Louis I. Kahn)이 설계한 킴벨 미술관(Kimbell Art Museum, 1972)에서는 천장의 배럴볼트 구조 정점에서 볼트 전체 길이에 걸쳐 파여진 긴 홈의 개구부를 통해 실내로 강한 빛이 비치게 한다. 또 이 빛의 홈 아래에 전체 면적의 50퍼센트 정도를 천공한 알루미늄 천칭메탈을, 비쳐지는 햇빛의 입사각을 과학적으로 계산한 곡선에 따라 휘어서 설치함으로써 실내로 균일한 빛을 확산시키며 공간 내에서 자연의 빛으로 최대의 효과를 내는 공간을 만들어 내었다. 정점에서 강렬한 빛을 유입시키기 위해 선택된 볼트구조와 유입된 빛의 해로운 효과를 막을 수 있는 일종의 빛 조절장치인 반사판, 이 반사판에 의해 실내로 퍼지는 빛들은 함께 융합되어 통합적 공간을 형성하며 최상의 공간을 연출한다[19]. 〈그림1-18)-1〉

방글라데시 국회의사당(National Capital of Assembly Hall, 1974)에서 우산모양의 상부 구조체(hyperbolic paraboloid)는 빛에 의해 자신의 존재를 확연히 드러냄과 동시에 그 아래 설치되어 의사당 위에 떠 있는 듯이 보이는 '빛의 고리'(ring of light)와 함께 융합되어 공간에 형태를 부여하며 조절된 내부 빛의 특성과 함께 공간과 통합된 형태로 특성 있는 공간을 연출한다. 〈그림1-18)-2〉

또 필립스 엑스터 아카데미 도서관(Phillips Exeter Academy Library, 1971) 상부 구조체도 빛에 의해 구조체의 존재가 확연히 드러남과 동시에 구조체와 빛이 융합되어서 하나의 통합적 공간을 형성하고 있다. 〈그림1-18)-3〉

마리오 보타(Mario Botta)가 설계한 유태인 회관(Cymbalista Synagogue and Jewish Heritage Center, 1998)의 상부 구조체 역

註

19) Urs Buttiker, LOUIS I. KAHN: LIGHT AND SPACE, 이효원 역, 서울: 시공문화사, 2002, pp.136~139.

시 빛과 융합되어 공간에 형태를 부여하며 공간과 통합된 형태로 특성 있는 공간을 연출한다.〈그림1-18)-4〉

〈그림1-18)-1〉 킴벨 미술관, 미국 텍사스, 1972.

〈그림1-18〉-2〉 방글라데시 국회의사당, 방글라데시, 1974.

〈그림1-18〉-3〉 필립스 엑스터 아카데미도서관, 미국 뉴햄프셔, 1971.

〈그림1-18〉-4〉 유태인 회관, 이스라엘, 1998.

19) 구조를 감추는 빛

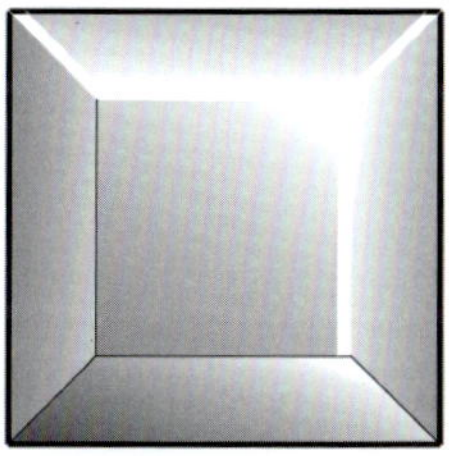

구성요소; 구조체
빛의 조형성; 인지성

공간 내 빛의 유입으로 구조체의 존재를 감추면서 그 중량감을 상실시키는 등, 빛에 의해 구조의 허상화를 표현하는 빛이다.

르 꼬르뷔지에(Le Corbusier)의 롱샹성당(Chapel Notre Dame-du-Haut, 1955)에서 육중한 무게를 느끼게 하는 지붕은 그 바로 아래의 작은 틈새와 그곳을 통해 내부로 유입되는 빛에 의해 그 중량감을 상실하면서 빛에 의해 허상화된 구조의 표현이 완성되고 있다.〈그림1-19)-1〉

에로 사리넨(Eero Saarinen)의 존에프 케네디 국제공항(J.F. Kennedy International Airport, 1962)에서 육중한 콘크리트 구조체들은 유기적인 형태의 개구부 틈새로 유입되는 빛들에 의해 구조의 존재를 감추면서 중량감을 상실한 채 빛과 융합되어 새로운 공간의 형태를 구성하고 있음을 보여준다.〈그림1-19)-2〉

안도 다다오(Ando Tadao)가 설계한 랑겐 재단 빌딩(Langen Foundation, 2005)에서도 천장과 벽체의 틈 사이로 유입되는 빛에 의해 구조체의 중량감은 사라지고 빛과 융합된 새로운 공간의 형태를 형성하며 구조의 허상화를 표현한다.〈그림1-19)-3〉

〈그림1-19)-1〉 롱샹성당, 프랑스, 1955.

〈그림1-19〉-2〉 존에프 케네디 국제공항, 미국 뉴욕, 1962.

〈그림1-19〉-3〉 랑겐 재단 빌딩, 독일, 2005.

20) 패턴화된 빛

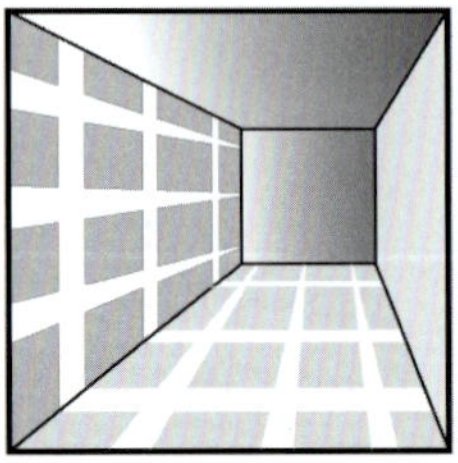

구성요소; 구조체
빛의 조형성; 장식성

건축물의 구조체, 개구부, 여과체 등을 통해 빛이 유입되면서 형성되는 빛과 그림자에 의한 음영이 공간 내에 패턴을 만들어 조형적으로 지각되면서 공간 내에서 장식적인 효과를 내는 빛이다. 또 이러한 빛의 효과는 시간에 따른 변화나 동적인 빛의 속성에 따라 공간 내 다양한 변화나 운동감을 유발한다.

안토니 프레독(Antonie Predock)이 설계한 넬슨 아트센터(Nelson Fine Arts Center, 1990) 외부와 내부 공간사이의 회랑은 외측벽면이 연속된 아치패턴과 내측 벽면이 점 형의 패턴으로 구성되어 있다. 이것을 통해 유입되는 빛의 효과에 의해, 빛과 음영이 만들어내는 패턴이 열을 지으며 끝없이 이어지면서 동적인 공간감을 형성하고 있다. 〈그림1-20)-1〉

마리오 보타(Mario Batta)가 설계한 노아의 공원(Noah's Park, 2001)은 놀이공간에 패턴화된 천정 구조물을 설치하여 빛이 이것을 통해 걸러지게 함으로써, 패턴화된 빛과 그림자에 의해 더욱 더 흥미

로운 놀이공간을 만들어 내고 있다.〈그림1-20)-2〉

레고레타(Legorreta)가 설계한 뉴 멕시코 소재 비주얼 아트센터(Visual Arts Center, 1999)에서 내부와 외부공간 사이의 회랑 역시, 벽에 규칙적인 형태로 뚫린 개구부에서 유입되는 빛들에 의해 공간에 규칙적인 패턴들이 만들어지면서 리듬감이 형성되고 있다.〈그림1-20)-3〉

또 15개 파티오 하우스(House of the 15 Patios, 1998)에서는 벽과 천장의 개구부들을 다양한 크기의 형태로 구성하면서 이를 통해 유입되는 다양한 빛의 패턴들로 공간을 장식하고 있다.〈그림1-20)-4〉

〈그림1-20)-1〉 넬슨 아트센터, 미국, 1990.

〈그림1-20〉-2〉 노아의 공원, 이스라엘, 2001.

〈그림1-20〉-3〉 비주얼 아트센터, 뉴멕시코 산타페, 1999.

〈그림1-20〉-4〉 15개 파티오 하우스, 멕시코 시티, 1998.

개구부 관련 빛 디자인 개념

이 유형의 빛 디자인 개념들은 실내건축공간의 구성요소 가운데 개구부와 관련하여 나타나는 특성들이다. 개구부는 빛에 의한 공간의 조형성에 특별히 중요한 역할을 한다. 같은 공간에서도 개구부의 크기나 형태, 위치에 따라 전혀 다른 공간의 인상이 형성되며, 때로는 그 공간의 성격이 완전히 바뀌어질 수도 있다. 개구부와 관련된 빛 디자인 개념들은 주로 개구부의 형태나 위치에 따른 것이다.

21) 점으로서의 빛

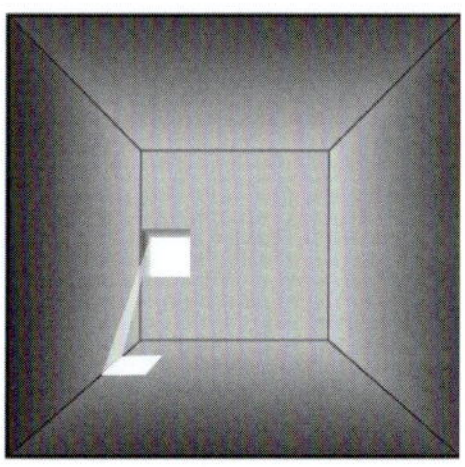

구성요소; 개구부
빛의 조형성; 인지성

개구부를 통해 공간에 유입되는 빛이 공간 내에 점으로서의 조형을 연출하게 되는 빛이다. 공간에 뚫린 개구부의 형태가 사각형 혹은 원형으로서 공간 내에 점으로서의 조형감각을 유도하면서, 동시에 이를 통해 들어오는 밝은 빛이 주위의 어두운 부분과 강한 대비를 이루면서 유입되는 밝은 빛 자체가 공간 내에 점적인 조형성을 표현하며 감성공간을 표현하는 것이다.

〈그림1-21)-1〉은 레고레타의 작품으로서, 절제된 빛의 유입을 통해 공간에 점으로서의 조형 특성을 부여하면서 매우 감성적인 공간을 연출하고 있음을 잘 보여준다.

스페인에 소재한 창의적인 활동을 위한 청소년 센터(Youth Center for Creative Activities, 2009)는 로마네스크 교회양식과 같이 두터운 콘크리트 벽의 아치형 구조로 공간을 형성함과 동시에, 아치형 천장에 둥근 형태의 구멍(개구부)을 내어 내부로 빛을 유입하도록 하고 있다. 이때 유입되는 밝은 빛은 심플한 공간 내부에 원형의 점으로서의 형태를 생성하면서 분위기 있는 공간을 연출하고 있다.〈그림1-21)-2〉

렌조 피아노(Renzo Piano)가 설계한 캘리포니아 과학아카데미(California Academy of Sciences, 2007)는 수족관과 플라네타륨 등이 있는 공간 상부는 거대한 잔디가 파동 치는 형태의 천장구조로 되어 있는데, 여기에 많은 원형 개구부들을 통해 유입되는 밝은 빛들은 공간 내부에 점으로서의 조형성을 연출하면서 특이한 공간을 만들어내고 있다.〈그림1-21)-3〉

서울 소재 어벤하이브 빌딩(URBANHIVE, 2008) 내부는 수많은 원형의 구멍이 뚫린 외부 벽을 통해 빛을 유입하면서, 많은 점들로 이루어진 공간의 조형성을 표현하며 환상적인 공간을 연출하고 있다.〈그림1-21)-4〉

〈그림1-21〉-1〉 하와이 주택, 하와이, 2002.

〈그림1-21〉-2〉 청소년 센터, 스페인, 2009.

〈그림1-21)-3〉 캘리포니아 과학아카데미, 미국 샌프란시스코, 2007.

〈그림1-21)-4〉 어벤하이브 빌딩, 서울, 2009.

22) 선적인 빛

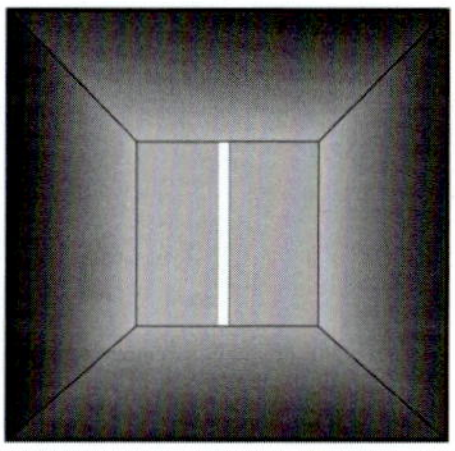

구성요소; 개구부
빛의 조형성; 인지성

개구부를 통해 공간에 유입되는 빛이 2차원의 선적인 형태를 갖는 빛이다. 벽면의 맞닿는 부분의 가는 틈새 사이로 가는 선형의 개구부를 통해 들어오는 밝은 빛이 주위의 어두운 부분과 강한 대비를 이루면서 유입되는 밝은 빛 자체가 가는 선적인 형태로 표현되는 것이다.

안토니 프레독(Antoine Predock)이 설계한 베니스 비치 하우스(Venice Beach House, 1991) 내부에는 밀폐된 공간에 가는 벽체의 틈 사이로 가는 선적인 형태의 빛을 실내로 유입시키고 있다.〈그림1-22)-1〉

미국의 롱아일랜드 지역에 건축된 사설 도서관 겸 작문스튜디오(Private Library and Writing Studio, 2008) 건물 내부에서는 천장에 선적인 개구부를 통해 유입되는 강하고 밝은 선형의 빛에 의해 공간의 형태를 완성하면서, 최소한의 빛으로 다양한 표정을 공간에 연출하고 있다.〈그림1-22)-2〉

일본 도쿄 소재 아이-하우스에서는(I HOUSE, 1990) 가는 선적인 형태의 빛들이 반복되면서 공간에 선적인 특성을 강조하면서 공간에 장식적인 효과를 더하고 있다.〈그림1-22)-3〉

오사카지역 메로스 카페(Cafe Meros, 1990)에서도 역시 가는 선형의 개구부에 의한 선적인 빛들을 유입하면서 공간 내에 선형의 빛들로 이루어진 공간조형의 특성을 보여주고 있다.〈그림1-22)-4〉

〈그림1-22)-1〉 베니스 비치 하우스, 미국 캘리포니아, 1991.

〈그림1-22〉-2〉 사설 도서관 겸 작문스튜디오, 미국 뉴욕, 2008.

〈그림1-22〉-3〉 아이-하우스, 일본 도쿄, 1990.

〈그림1-22〉-4〉 메로스 카페, 일본, 1990.

23) 면적인 빛

구성요소; 개구부
빛의 조형성; 인지성

면적인 형태의 개구부를 통해 빛이 실내로 유입되거나, 공간 내 면적인 형태의 조형요소를 빛과 그림자(음영의 차이)에 의해 더욱 강조하거나, 또는 반투명 유리나 특이한 소재의 면에 빛의 투과에 의한 투명한 면적인 빛의 형태가 강조되어 공간 내부가 2차원의 면적인 형태로 강하게 표현되는 빛이다.

미국 휴스턴 소재 스코틀랜드 국립은행(The Royal Bank of Scotland, 2005) 내부에서는 면적인 형태들로 구성된 공간 내부가 빛에 의해 그 면적인 조형적 특성이 더욱 강조되어 나타나고 있음을 보여준다.〈그림1-23)-1〉

장 누벨 팀이 설계한 르뱅 데독(Les Bains des Docks, 2008)에서도 역시 면적 형태의 개구부들과 면적인 형태의 입면들로 구성된 공간의 형태가 유입되는 빛과 그림자에 의해 그 특성이 더욱 강조되고 있다.〈그림1-23)-2〉

레고레타가 설계한 에가디 경영관리 대학원(Egade-Business

Administration Graduate School, 2001)에서도 역시 면형의 반복적이고 패턴화된 개구부를 통해 유입되는 면적인 형태의 빛이 공간의 특성을 이루며 장식하고 있음을 보여준다.〈그림 1-23)-3〉

〈그림1-23)-1〉 스코틀랜드 국립은행, 미국 휴스턴, 2005

〈그림1-23〉-2〉 르뱅 데독, 프랑스, 2008.

〈그림1-23〉-3〉 에가디 경영관리 대학원, 멕시코, 2001.

24) 대각선의 빛

구성요소; 개구부
빛의 조형성; 인지성

대각선 방향의 서로 다른 개구부에 의해 유입된 빛으로 공간 내에 대각선의 빛, 대각선의 볼륨을 형성하는 빛이다.

빛이 내부에 유입되면 볼륨이라는 3차원의 공간형태를 갖게 된다. 즉, 측정 불가능한 상태의 공간은 빛에 의해 3차원적 조형 가능성을 갖게 되는데, 이때 개구부의 위치, 형태, 크기에 의한 빛의 방향 변화에 따른 다양한 빛과 그림자의 연출, 빛의 양이나 성질은 공간 볼륨의 조형적 특성을 결정하는 중요한 역할을 한다. 특히 대각선의 방향으로 공간 내에 유입되는 빛에 의한 공간 내 명암의 대비현상은 대각선 볼륨의 공간을 형성하게 되는데, 이때 특히 이 방향과 직교하여 열려있는(혹은 대각선 방향의) 다른 개구부에서 유입되는 빛이 있게 되면, 이들 빛이 공간 내에 섞이며 풍요로운 변화를 연출하게 된다.

깜보 바에자(Campo Baeza)가 설계한 튜레가노 하우스(Turegano House, 1989)는 흰색의 직사각형의 공간과 개구부로 이루어진 단순한 박스형태의 공간이지만 대각선 방향의 개구부에서 유

입되는 빛에 의해 풍요로운 3차원의 대각선 볼륨공간을 만들어내고 있다.〈그림1-24)-1〉

가르시아 마르코스 하우스(Garcia Marcos House, 1991), 스위스 소재 코에클린 하우스(Koechlin House, 1996)에서는 대각선 방향의 개구부를 통해 유입되는 빛에 의해 대각선 형태의 볼륨을 형성하면서, 또한 이 방향과 직교된 방향에서 유입되는 빛에 의해 변화를 일으키며 더욱 볼륨감이 있는 공간으로 만들고 있음을 보여준다.〈그림1-24)-2, 3〉

중국 몽고 사막지역에 전원주택인 오도스 100(Ordos 100, 2008)에서도 역시 대각선 방향의 개구부를 통해 대각선 볼륨의 공간을 형성하면서, 특히 이 방향과 직교하여 열려있는 빛에 의해 이들 빛이 공간 내에 섞이며 풍요로운 공간을 연출하고 있음을 보여준다.〈그림1-24)-4〉

〈그림1-24〉-1〉 튜레가노 하우스, 스페인, 1989.

〈그림1-24〉-2〉 가르시아 마르코스 하우스, 스페인, 1991.

〈그림1-24〉-3〉 코에클린 하우스, 스위스, 1996.

〈그림1-24〉-4〉 오도스 100, 중국몽고, 2008.

25) 공간을 장식화 하는 빛

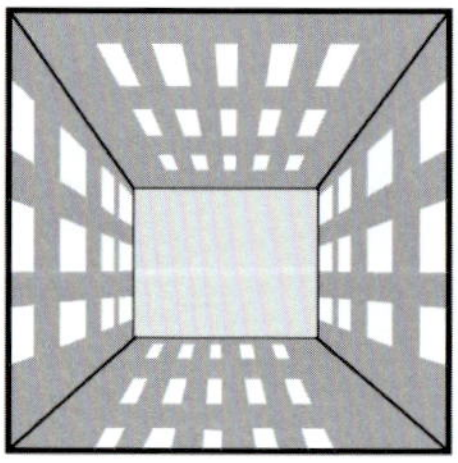

구성요소; 개구부
빛의 조형성; 장식성

개구부를 통해 유입되는 빛이 개구부 형태의 특성에 따라 음영이란 현상을 통해 공간 전체에 장식적 효과를 나타내거나 바닥, 벽(기둥), 천장의 구조체나 그 형태 자체의 본질을 장식으로 전환시켜 장식화 하는 빛을 말한다.

구조체와 관련된 '패턴화된 빛'의 개념과의 차이점이라면, 전자는 구조체, 개구부의 본질을 변화시킨다기보다는 구조체나 개구부의 기능을 유지하면서 빛의 여과나 빛의 음영효과에 의해 패턴-문양을 형성하면서 장식적 효과를 나타내는 것에 반해, 이 개념은 개구부나 구조체의 기능과는 무관하게 구조물을 변화시켜서 장식화한 것을 말한다.

〈그림1-25)-1, 2〉에서 천장구조물은 천장구조체로서의 기능이 있는 것이라기보다는 특별히 빛을 걸러서 장식효과를 높이기 위한 것으로, 이것을 통해 비쳐지는 빛과 그림자와 함께 융합되어 공간을 장식화하고 있다.

또 〈그림1-25)-3, 4〉에서는 주택의 데크에서 나뭇가지나 동으로 만든 태양 빛을 가리기 위한 차양을 통해 비쳐지는 빛의 형태 자체가 공간을 장식화하고 있음을 보여준다.

〈그림1-25)-1〉 드롭 하이로 필딩, 미국 로스앤젤레스,2004.

〈그림1-25)-2〉 신요트수쉬로 기념 건조물, 일본, 2000.

〈그림1-25〉-3〉 사진작가의 주택II, 스페인, 2008.

〈그림1-25〉-4〉 볼더 레지던드, 미국 애리조나, 2006.

재료 관련 디자인 개념

이 유형의 빛 디자인 개념들은 빛이 공간에 유입되면서 공간을 구성하는 재료와 관련하여 나타나는 특성들이다. 각각의 재료는 빛과 결합하여 각기 다른 질감이나 효과를 나타낸다. 빛은 물체의 표면에 닿았을 때, 직접적인 반응-반사, 굴절, 흡수, 착색, 분해, 분산을 하기 때문에 촉각적인 재질을 가진 재료들은 빛과 민감하게 반응하여 인상적인 효과를 낼 수 있다. 여기서 재료는 물, 나무 등을 포함한다. 재료와 관련된 빛 디자인 개념들은 이러한 특성들을 이용하여 새로운 감각과 건축공간의 이미지를 만들어 내고자 하는 것들이다.

26) 질감을 극대화시키는 빛

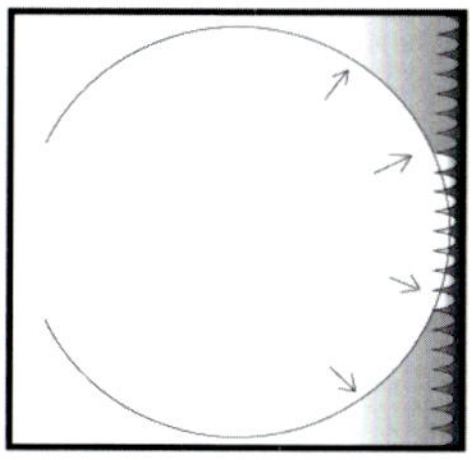

구성요소; 재료
빛의 조형성; 장식성

공간 내에서 소재의 독특한 질감을 강조하기 위해 집중적으로 빛을 비추거나 질감이 다른 소재, 즉 부드러운 석재와 거친 석재를 혼합 모자이크 시킴으로써 빛에 의한 질감의 대비효과로 차별화된 빛이 반사되도록 하여 공간 내에 재료 질감의 느낌에 의한 시각적 감성이 극대화 되도록 하는 빛이다. 즉, 공간을 구성하는 재료에 강한 빛을 비치도록 하여 재료들의 존재를 확연히 드러내고, 그 질감의 특성과 빛의 다양한 성질과 융합되어 나타나는 특성에 따른 시각적 감성을 유도하는 빛이다.

올리베티 쇼우룸(Olivetti showroom, 1958)의 벽면 간판은 비치는 빛의 성질과 질감의 대비효과에 따른 시각적 감성을 유도한 것이다.〈그림1-26)-1〉

마그마 아트 센터(Magma Arts and Congress Center, 2005)는 재료의 다양한 질감대비와 빛의 효과에 의해 이러한 성격을 더욱 강조하면서 강한 시각적 감성을 유도한 공간임을 보여주고 있다.〈그림1-26)-2〉

캘리포니아의 게티 빌라(Getty Villa, 2005)의 외부 벽에서도 다양한 질감의 대비와 빛의 효과를 통한 시각적 감성을 유도하고 있다.〈그림1-26)-3〉

스페인 카르타헤나에 로마 극장 뮤지엄(Museum of the Roman Theater of Cartagena, 2008) 터널 천장에서 유입되는 빛은 터널공간 내부의 다양한 질감들을 가시적으로 드러내며 로마유적지에서의 옛 감성을 그대로 보여주고 있다.〈그림1-26)-4〉

〈그림1-26)-1〉 올리베티 쇼우룸, 이태리, 1958.

〈그림1-26)-2〉 마그마 아트 센터, 스페인, 2005.

〈그림1-26)-3〉 게티 빌라, 미국 캘리포니아, 2005.

〈그림1-26)-4〉 카르타헤나에 로마 극장 뮤지엄, 스페인, 2008.

27) 재료의 성질을 비물질화 시키는 빛

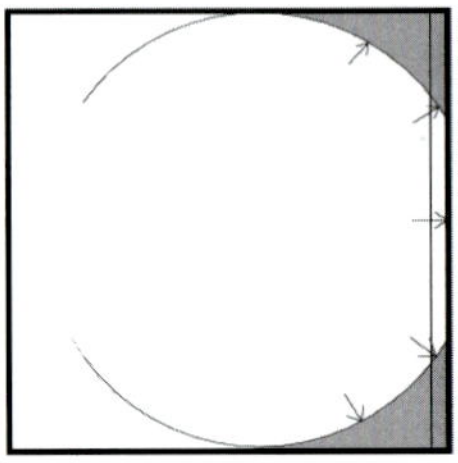

구성요소; 재료
빛의 조형성; 장식성

빛의 비물질적 특성이 재료의 물성을 비물질화시켜 정신적 차원으로 고양시키거나 전혀 다른 느낌의 시각적 효과 혹은 전혀 새로운 이미지를 창출해 내는 빛을 말한다. 즉, 재료의 물질성을 소멸시키며 강한 감각적 이미지로 감성을 유도하는 빛이다.

안도 다다오(Ando Tadao) 작품들에서 노출콘크리트 벽은 유입된 자연채광에 의해 질감이 없는 단순한 면으로 비물질화 되면서 그 표면은 얇은 종이나 천을 상기시키게 한다.〈그림1-27)-1〉 또 빛의 교회에서 십자가형 개구부에 의해 유입되는 빛은 벽면을 재료로 인식하게 하기보다는 빛과 융합되어 채색된 전혀 다른 형태와 이미지로 인식하게 한다. 〈그림1-16)-2〉

르 꼬르뷔지에(Le Corbusier)의 롱샹성당(Nortre Dome du Haut Chapel, 1955)에서도 개구부를 통해 유입되는 찬란한 컬러 빛으로 인해 육중한 콘크리트 내부 벽들은 물성을 잃고 감각적 감성을 유발시키고 있다.〈그림1-27)-2〉

장 누벨(Jean Nouvel)이 설계한 바르셀로나의 아그바타워(Agbar Tower, 2005)도 외부에서 유입되는 빛에 의해 육중한 노출 콘크리트 외벽과 반투명 소재들의 물성은 사라지고 새로운 감각적 이미지들을 생성하고 있다.〈그림1-27)-3〉

런던 소재 라이트 하우스(Light House, 2008) 역시 천장 창에서 유입되는 빛에 의해 패턴이 형성되면서 콘크리트 벽의 물성은 사라지고 비물질화된 장식적인 면으로서의 특이한 감성을 유발시키고 있다.〈그림1-27)-4〉

〈그림1-27〉-1〉 코지노 하우스, 일본, 1981.

〈그림1-27〉-2〉 롱샹성당, 프랑스, 1955.

〈그림1-27〉-3〉 아그바타워, 스페인 바르셀로나, 2005.

〈그림1-27〉-4〉 라이트 하우스, 영국 런던, 2008.

28) 빛의 놀이

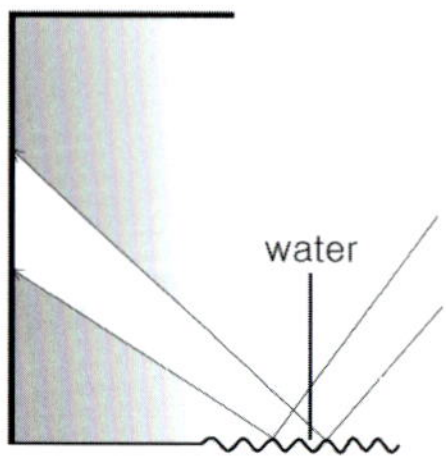

구성요소; 재료
빛의 조형성; 장식성

빛이 물 혹은 나뭇잎과 함께 어우러져 나타나는 특성으로, 물결로 인해 찰랑이는 물 혹은 바람에 흔들리는 나뭇잎들에 의해 산란된 빛의 반사광이 공간에 투영되거나 혹은 그림자가 공간에 형성되어, 움직이는 빛과 음영으로 인해 빛이 공간 내에서 춤추는 듯한 분위기의 효과를 내는 빛을 말한다.

멕시코 소재 빅토르 레고레타 하우스(Victor Legorreta House, 2002)는 따듯한 기후조건으로 인해 내 · 외부 거실공간의 통합을 이루며 즐겁고 편안한 공간을 이루고 있다. 외부정원에서 나무의 흔들림으로 생성되는 빛과 그림자로 말미암아 빛이 춤추는 듯한 놀이효과를 창출하는데, 이는 공간에 즐거운 분위기를 한층 더하고 있다.〈그림 1-28)-1〉

아오바-테이 레스토랑(Aoba-Tei Restaurant, 2005)은 이와 같은 빛의 놀이를 표현하고 있는데, 숲속에서 흔들리는 나뭇잎들에 의해 걸러져서(filtering) 비쳐진 빛과 그림자들이 특정한 숲속의 이미지를

공간에 연출하면서 내부 벽과 천장을 장식하고 있다.〈그림1-28)-2〉

안도 다다오의 물의 교회(Church on the Water, 1988)에서 예배당의 유일한 개구부인 전면 창으로 들어오는 빛은 물의 산란에 의해 내부공간의 연장선상에서 시각적으로 춤추는 듯한 빛으로 인지된다.〈그림1-3)-1〉

레고레타가 설계한 텔아비브 소재 이스라엘 하우스(House in Israel, 2001)는 바다에 의해 둘러싸인 지역에 위치한 지역상의 특성을 잘 살리고 있다. 외부 수영장 수면 위에 비치는 빛에 의해 찰랑이는 빛의 놀이는 공간에 유희성을 더해주고 있다.〈그림1-28)-3〉

독일 뮌헨에 있는 비엠더블유 벨트 (BMW Welt, 2007) 빌딩 내부 안뜰(courtyard)에서도 수면 위에 비추어진 빛에 의한 빛의 놀이가 잘 나타나고 있다.〈그림1-28)-4〉

〈그림1-28〉-1〉 빅토르 레고레타 하우스, 멕시코, 2002.

〈그림1-28〉-2〉 아오바-테이 레스토랑, 일본, 2005.

〈그림1-28)-3〉 이스라엘 하우스, 이스라엘, 2001.

〈그림1-28)-4〉 비엠더블유 벨트, 독일 뮌헨, 2007.

29) 빛의 일루전

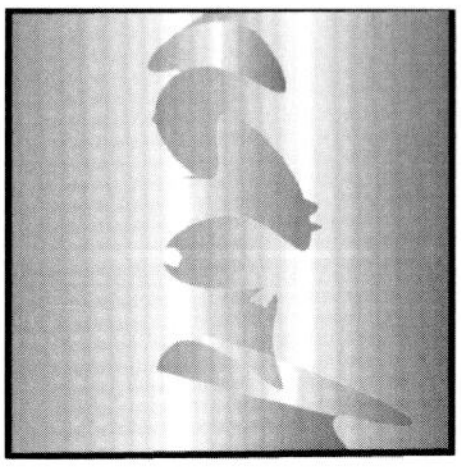

구성요소; 재료
빛의 조형성; 장식성

빛을 반사, 굴절, 혹은 산란시키는 성질이 우수한 소재 혹은 물체에 빛을 비침으로써 빛의 이러한 성질을 극대화시키며 나타나는 시지각적 현상으로, 공간 내 특이한 장식효과를 나타내도록 하거나 동적인 공간감을 유발시키는 빛이다.

케임브리지 대학 엠아이티 채플(Chapel of MIT, 1955) 내부의 유일한 창인 천장 창에서 유입되는 강한 빛은, 그곳에 설치된 금속장식물들에 의해 빛이 반사, 굴절, 산란되면서 빛의 일루전 현상을 보이며 신비로운 중심공간을 연출한다.〈그림1-1)-2〉

지 엠 르네상스 센터(G.M Renaissnace Center, 2005) 역시 홀에 설치된 금속 설치물에 비치는 빛에 의한 빛의 일루전 현상으로 공간의 중앙을 강조하며 장식하고 있다.〈그림1-29)-1〉

〈그림1-29)-2, 3, 4〉에서도 빛의 산란효과가 우수한 마감재들에 의해 형성된 빛의 일루전 현상들로 인해 특이한 공간의 분위기를 연출하고 있음을 보여준다.

〈그림1-29)-1〉 지 엠 르네상스 센터, 미국 디트로이트, 2005.

〈그림1-29)-2〉 하얏트센터, 미국 시카고, 2005.

〈그림1-29〉-3〉 아이스하키 스타디움, 이태리, 2005.

〈그림1-29〉-4〉 인형극장, 미국, 2004.

색채 관련 빛 디자인 개념

이 유형의 빛 디자인 개념들은 특히 색채와 관련하여 나타나는 특성들이다. 색채는 빛과 반응하면서 공간과 형태의 경험을 풍부하게 하거나 명확하게 만들고, 공간의 매스, 표면, 배경의 배치를 조화롭게 하여 적극적인 감성공간으로의 표현을 가능하게 한다. 또 표면 빛의 반사나 투명 정도의 대조적인 차이에 따라 변화하는 색의 변화 현상들은 지각과 체험에 따른 현상의 다양성을 보여준다.

30) 색을 반사하는 빛

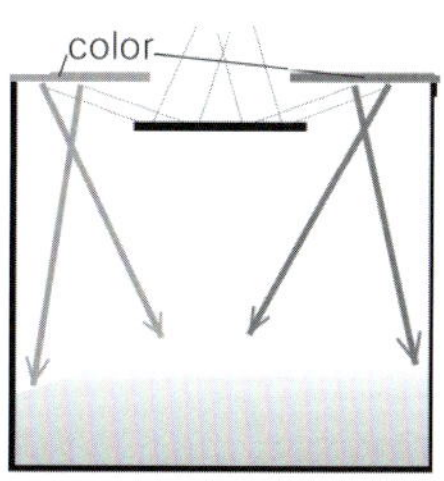

구성요소; 색채
빛의 조형성; 장식성

빛이 공간에 유입될 때 벽면에 칠해져 있는 색을 반사하거나 혹은 색유리, 반투명 착색된 소재를 통해 빛이 걸러져 통과되면서 색채와 결합된 빛을 공간 내에 투영하여, 공간 내 특이한 미적 효과나 볼륨감을 형성하도록 하는 빛이다.

르 꼬르뷔지에(Le Corbusier)가 설계한 롱샹성당〈그림1-27)-2〉과 라뚜레뜨 수도원에서는〈그림1-13)-2〉 색이 칠해진 벽면과 천장에서 반사된 빛이 색을 띤 채 공간에 투영되면서, 신비한 종교적 공간의 효과를 나타내고 있다. 특히 라뚜레뜨 수도원 성구실에는 상부 천장의 창이 각기 다른 방향으로 각도를 잡고 있는 세 개의 원추 꼴로 되어 있는데, 측면에 각각 흰색, 붉은 색, 검정색이 칠해져 있어 계속 움직이는 자연광을 받아 실내에 움직이는 컬러 빛을 반사하면서 신비하고 성스러운 내부공간 분위기를 연출하고 있다.

스티븐 홀이 설계한 디이 쇼우 회사(D.E. Shaw & Co. Office, 1992)〈그림1-4)-1〉 역시 색채반사에 의한 특이한 공간적 효과, 혹은 투영된 색채현상에 의한 미적 효과를 표현하고 있다.

또 뉴욕대학 철학과(New York University Department of Philosophy, 2008) 건물 내부는 스펙트럼 효과에 의한 빛을 흰색의 내부공간에 비추면서 매우 감성적인 공간을 연출하고 있다.〈그림 1-30〉-1〉

독일의 켐핀스키 호텔(Kempinski Hotel, 1996)은 다소 지루하게 느껴지기 쉬운 내부의 좁고 긴 통로공간을 환상적인 컬러 빛을 연출함으로써 환상적이고 흥미 있는 공간으로 성공적으로 변화시키고 있다.〈그림1-30)-2〉

샌프란시스코 소재 드영 뮤지엄(Hiroshi Sugimoto at the De Young Museum, 2007)은 파스텔조의 컬러 빛들을 공간에 투여하여 각 영역에 특성을 부여하고 있다.〈그림1-30)-3〉

레고레타가 설계한 일본의 한 주택(House in Japan, 1998)에서는 지역 특유의 색이라 할 수 있는 하늘과 바닷물 색이 공간에 투여되

면서 일본 문화의 감성적 공간을 연출하고 있다.<그림1-30)-4>

<그림1-30)-1> 뉴욕대학 철학과, 미국 뉴욕, 2008.

〈그림1-30)-2〉 켐핀스키 호텔, 독일 뮌헨, 1996.

〈그림1-30)-3〉 드영 뮤지엄, 미국 샌프란시스코, 2007.

〈그림1-30)-4〉 일본 주택, 일본 도쿄, 1998.

31) 지방색의 빛

구성요소; 색채
빛의 조형성; 장식성

지역전통의 색채나 특정 지역 경관의 톤(tone)과 같은 지방색과 지역 특유의 빛을 결합하여 공간에 투영함으로써 공간의 미적 효과나 공간의 특성을 표현하고자 하는 빛이다. 지역 고유의 색이 내포된 재료나 구조체 등에 칠해진 지역 특유의 색을 반사하는 빛을 공간에 투영하므로 공간의 장소성과 지역성을 표현하기도 한다.

루이스 바라간(Luis Barragan)의 길라르디 하우스(Gilardi House, 1976)에서는 수영장에 칠해진 푸른색과 분홍색, 그리고 수영장의 물에 반사된 빛으로 공간의 동적인 특성을 배가시키며 다양한 변화효과를 표현한다. 빛과 색, 물이라는 요소를 통해 지역 특유의 지역성을 표현한다.〈그림1-31)-1〉

캄포 바에자(Campo Baeza)가 설계한 가스파르 하우스(Gaspar House, 1991)에서도 지방색의 빛의 효과를 표현하고 있는데, 푸른색이 칠해진 수영장의 물은 지중해의 바다색을 연상하게 하며 지중해 지역 특유의 강한 빛에 반사되어 흰색의 배경에 투사되면서 공간에

색을 부여하며 지역성을 표현하고 있다.〈그림1-31)-2〉

레고레타가 설계한 멕시코 소재 텔레비자 산타페(Televisa Santafe, 1998), 비주얼 아트 센터(Visual Arts Center, 1999)에서도 역시 지역 특유의 색이라 할 수 있는 핑크, 오렌지, 파랑, 금색, 황토색, 노란색 등 같은 강렬한 색들을 사용하여 지역 특유의 지역성을 표현하고 있다.〈그림1-31)-3, 4〉

〈그림1-31〉-1〉 길라르디 하우스, 멕시코, 1976.

〈그림1-31〉-2〉 가스파르 하우스, 스페인, 1991.

〈그림1-31〉-3〉 텔레비자 산타페, 멕시코 시티, 1998.

〈그림1-31〉-4〉 비주얼 아트 센터, 뉴 멕시코 산타페, 1999.

내 · 외부 관계 관련 빛 디자인 개념

이 유형의 빛의 디자인 개념들은 내 · 외부공간의 관계적인 측면에서 나타나는 특성들이다. 내 · 외부공간 간의 관계의 성격을 규정하는 것은 일차적으로는 벽(wall)의 디자인이지만, 빛 역시 내 · 외부공간의 차이를 느끼게 해 주는 중요한 요소이다. 빛은 시지각적 현상으로서 심리적으로 내 · 외부공간이 연결되거나 확실하게 구분된 것으로 느끼도록 하는 데 중요하게 작용한다[20].

32) 내 · 외부공간을 통합하는 빛

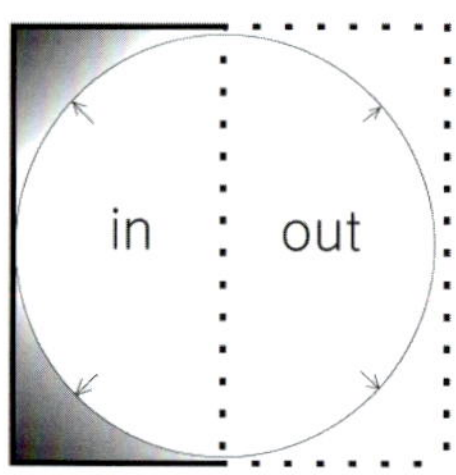

구성요소; 내 · 외부공간과의 관계
빛의 조형성; 투명성

내부와 외부공간을 연결하는 매개체로서의 역할을 하는 빛이다. 현대 건축공간은 투명한 유리벽을 통해 유입된 걸러지지 않은 그대로의 순수한 빛과 그 빛의 투명성으로 인해 내 · 외부공간의 경계는 완

註
20) Marietta S. Millet, op. cit., 1996, pp. 94~106.

전히 없어질 수 있게 되었다.

〈그림 1-32〉-1, 2, 3, 4〉는 현대공간에서 투명한 유리벽을 사용하여 걸러지지 않은 순수한 빛 그대로를 공간에 받아들이며, 내·외부 공간을 통합하고, 공간을 무한히 외부로 확장시키며, 공간의 투명성을 상징하고 있는 다양한 모습들을 잘 보여주고 있다.

〈그림1-32〉-1〉 랑겐 재단, 독일, 2005.

〈그림1-32〉-2〉 노르망디 미국인 방문자 센터, 프랑스, 2007.

〈그림1-32〉-3〉 고하라 하우스, 일본, 2008.

〈그림1-32〉-4〉 컴케스트 센터, 미국 필라델피아, 2008.

33) 내 · 외부공간을 구분하는 빛

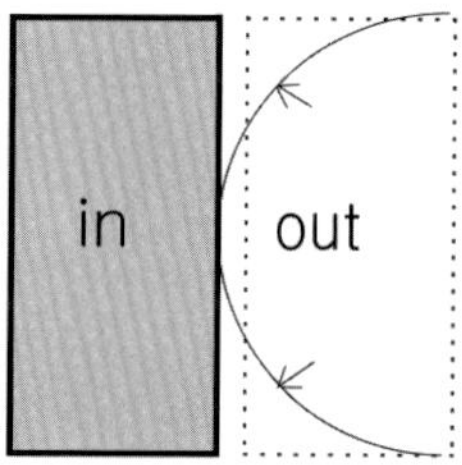

구성요소; 내 · 외부공간과의 관계
빛의 조형성; 인지성

내부와 외부공간이 시지각적, 심리적으로 명확히 구분됨을 느끼도록 해주는 빛이다.

내 · 외부공간을 명백하게 구분하는 빛은 주로 야간의 인공조명에 의한 빛이다.〈그림1-33)-1, 2, 3〉 그러나 이러한 인공 빛에 의한 것이 아닌 낮의 자연광도 내 · 외부공간을 구분하는 효과를 낸다.

루이스 칸(Louis I. Kahn)이 설계한 다카의 방글라데시 병원동(National Capital of Bangladesh Hospital, 1974)의 입구 로비는 지역의 강한 빛을 차단하여 상대적으로 어두운 내부공간을 외부공간과 확연하게 구분되도록 한다.〈그림1-7)-1〉

〈그림1-33)-1〉20X20 하우스, 미국 필라델피아, 2008.

〈그림1-33)-2〉 디 아우트 포스트, 남부아프리카, 2003.

〈그림1-33)-3〉 카지나, 미국 일리노이, 2008.

Ⅳ
의미 관련
빛 디자인 개념

이 장에서는 보다 추상적인 내용들을 포함하는 형이상학적 '빛의 의미' 들과 관련된 디자인 개념들을 제시하였다. 이들 '빛의 의미' 관련 디자인 개념들은 빛의 기능이라 할 수 있는 상징성, 심미성, 체험성에 따라 분류하여 정리하였다.

상징성 관련 빛 디자인 개념

1) 신성을 표현하는 빛

'신은 곧 빛' 이라는 사상에 근거하여, 빛의 유입이 마치 신의 현현이나 신성이 나타나는 것처럼 표현한 것이다. 여기에서 빛은 곧 신성을 상징한다. 이 빛의 의미는 특히 고대 신전건축이나 중세 교회건축에서 강하게 나타나지만, 현대 교회건축 공간에서도 지속적으로 나타나고 있다.

로마 판테온 신전에서는 빛에 의한 정신적 힘의 관계를 중시하여 유입되는 빛의 양, 빛의 질과 내부형태, 표면재료의 처리 등을 통해 빛과 그림자의 효과로 극적이고 신성한 공간을 창출하였다. 주랑이 현관 천장보다 세 배나 높은 곳의 둥근 천창 광원으로부터 원형 홀에 부드러운 빛이 유입되는데, 이것은 외계와의 유일한 접촉점으로 빛이 쏟아지는 천상(天上)이라는 의미를 반영하여 신성을 상징하고 있다. 〈그림2-1)-1〉

안도 다다오의 빛의 교회(Church of the Light, 1988)〈그림1-16)-2〉, 메사추세츠의 어린이 채플(A Children's Chapel, 2007)〈그

림2-1)-2〉에서는 폐쇄된 공간에 가느다란 선 형태의 빛에 의해 십자가의 형태를 나타내면서 그리스도 예수의 신성을 상징하고 있다.

오윙스와 메릴(Owings & Merrill)이 설계한 캘리포니아의 빛 예수성당(Cathedral of Christ The Light, 2008)에서는 십자가 지신 예수상 위의 천장 중심에서 강하게 유입되는 빛에 의해 신성을 더욱 강조하고 있다.〈그림2-1)-3〉

〈그림2-1)-1〉 로마 판테온 신전

〈그림2-1)-2〉 어린이 채플, 미국 메사추세츠, 2007.

〈그림2-1)-3〉 빛 예수성당, 미국 캘리포니아, 2008.

2) 영성을 표현하는 빛

빛을 곧 신으로 인식하여 신성을 표현하는 빛과는 달리, 빛이 정신적 차원의 인간 내면을 상징하는 것으로 표현된 것이다.

빛의 초월적이고 신비함의 상징성을 이용해 정신적 차원의 영적인 존재를 상징적으로 표현하고, 또 빛을 인간 내면에의 가장 본질적인 것을 투영하는 것으로 간주하여, 이러한 빛의 효과로 인간 내면의 영혼을 상징하는 영적이고 신비한 정신적 차원의 분위기를 표현하는 빛이다.

생드니 대수도원과 같은 고딕성당은 색채 대리석, 스테인드글라스, 개구부의 형태, 빛의 질(반사, 투영, 시간성에 의한 변화 등), 빛과 어두움의 대조효과 등을 이용해 영적이고 신비한 분위기를 연출함으로써 종교성을 고무시키고 있다.〈그림2-2)-1〉

르 꼬르뷔지에의 라뚜레뜨 수도원이나 롱샹성당에서도 신비한 영적인 빛의 효과를 잘 보여준다. 라뚜레뜨 수도원에서는 성소제단 위에서 서로 다른 각도에서 유입되는 빛이 그 안에 칠해진 색에 반사되어 내부에 컬러 빛이 투사되면서 공간은 신비한 영적인 분위기를 연출한다.〈그림1-13)-2〉 롱샹성당에서는 두터운 외벽에 나팔관처럼 생긴 개구부에서 유입된 빛이 내부에 칠해진 색을 반사하며 내부에 대포와 같은 강한 컬러 빛들로 투사되면서, 역시 공간은 신비한 영적인 분위기를 연출하고 있다.〈그림1-27)-2〉

또 스티븐 홀의 성 이그나티우스 성당의 예배실 내부 역시 시간의 흐름에 따라 다양한 각도에서 상이한 성격의 빛들이 유입되어 통

합되면서 초월적이며 신비한 영적인 공간을 연출하고 있다.〈그림1-4)-2〉

일본 소재 가즈노오카 화장터(Kaze-no-Oka Crematoriu, 1997) 내부 한 영역은 중심에서 비추이는 빛의 효과에 의해 영적인 숙연한 공간을 상징적으로 표현하고 있다.〈그림2-2)-2〉

그 외 현대의 교회건축과 같은 종교건축 등에서도 빛에 의해 정신적 차원의 인간내면인 영성을 상징적으로 표현하고자 하는 것들이 빈번하게 나타나고 있다.〈그림2-2)-3, 4〉

〈그림2-2〉-1〉 생드니 대수도원, 프랑스, 1144.

〈그림2-2〉-2〉 가즈노오카 화장터, 일본, 1997.

〈그림2-2〉-3〉 스토크톤 교회, 미국 캘리포니아, 2005.

〈그림2-2〉-4〉 빛 예수 성당, 미국 캘리포니아, 2008.

3) 이미지를 표현하는 빛

빛을 통해 어떤 구체적인 조형적인 특성보다는 특정 이미지를 표현하고자 하는 것이다. 빛을 조절할 수 있는 시스템을 건축형태에 중요한 구성요소로 사용하면서 형태에 특정 이미지를 상징적으로 표현한 것이다. 특히 현대는 하이테크놀로지의 기술발달로 빛을 자유롭게 조절할 수 있게 되면서, 단순히 내부공간에 빛을 유입시키는 방법보다는 오히려 빛을 제어하거나 혹은 산란시키는 방법을 사용하여, 공간과 형태에 새로운 이미지를 표현하고자 하는 사례가 더욱 많이 나타나고 있다.

장 누벨(Jean Nouvel)이 설계한 까르띠에 재단빌딩(Cartier Foundation Building, 1990)에서는 3겹으로 사용된 투명재료에 의해 투명성과 반사 그리고 강재 철망에 의한 빛의 차단 등을 통해 시각적 투명성을 표현하면서, 개방적이고 투명한 기업의 이미지를 상징적으로 표현하고 있다.〈그림2-3)-1〉

아랍문화원(Institute du Monde Arabe, 1987)은 단순한 박스 형태의 남측 벽면에 빛에 민감하게 작용하는 수천 개 조리개 형태의 기계장치에 의해 다채로운 빛의 효과로, 이슬람의 전통 문양을 표현하면서 이슬람의 역사와 문화의 이미지를 상징적으로 표현하고 있다.〈그림1-16)-1〉

라파예트 갤러리(Galleries Lafayette, 1996)는 겹겹이 사용된 투명재료에 의한 투명성과 빛의 반사 등을 통해 외관이 특정한 형태가 아닌, 어떠한 이미지로 인식되게 한다.〈그림2-3)-2〉

베이징 소재 국립 수영센터(National Swimming Center, 2008)는 반투명의 소재로 벽과 천장을 감싼 단순한 박스 형태로 되어 있는데, 낮에는 자연광에 의해서, 그리고 밤에는 푸른빛의 조명에 의해 물거품의 이미지를 상징적으로 표현하고 있다. 〈그림2-3)-3, 4〉

〈그림2-3)-1〉 까르띠에 재단빌딩, 프랑스 파리, 1990.

〈그림2-3)-2〉 라파예트 갤러리, 프랑스 파리, 1996.

〈그림2-3)-3〉 국립 수영센터, 베이징, 2008.

〈그림2-3)-4〉 국립 수영센터, 베이징, 2008.

4) 역사적 사건의 의미를 표현하는 빛

기억을 유발시키는 빛의 작용을 이용한 빛의 효과로서, 어떤 메시지를 전달하고자 의도하되 특히 특정 역사적 사건 속에 포함된 의미를 표현하고자 의도된 것이다. 시간과 장소에 따라 달라지는 빛의 속성을 활용하여, 이들 빛과 공간형태와의 결합효과를 통해 특정한 역사적 사건의 의미를 표현하고자 한 것이다.

다니엘 리베스킨트(Daniel Libeskind)의 베를린 유대인 박물관(The Jewish Museum of Berlin, 1989)은 유대인 학살의 참혹함과 극도의 공포감의 역사적 사건의 의미를 강하게 전달하고 있다. 이 박물관은 창문들을 날카로운 예각으로 된 선형의 공간을 이동하면서 계속해서 다르게 펼쳐지도록 배치함으로써, 이를 통해 들어오는 빛이 인간의 움직임으로 인한 우연적이고 사건발생적인 공간, 기억과 역사적인 공간을 상징적으로 표현하도록 하고 있다.〈그림2-4)-1〉 또 샌프란시스코에 건축된 현대 유대인 박물관(Contemporary Jewish Museum, 2008)에서도 역시 이와 같은 극도의 불안함과 참혹했던 상황들을 공간의 형태와 개구부를 통한 빛의 효과와 함께 상징적으로 표현하고 있다.〈그림2-4)-2, 3〉

프랑스 소재 노르망디 미국인 방문자 센터에서는(Normandy American Visitor Center, 2007) 노르망디 전쟁 당시의 상황을 연상케하는 의미 있는 공간을, 전쟁 당시의 총과 군인모자로 된 오브제와 천장에서 비치는 빛의 효과를 통해 상징적으로 연출하고 있다.〈그림2-4)-4〉

〈그림2-4)-1〉 베를린 유대인 박물관, 독일, 1989.

〈그림2-4)-2〉 현대 유대인 박물관, 미국 샌프란시스코, 2008.

〈그림2-4)-3〉 현대 유대인 박물관, 미국 샌프란시스코, 2008.

〈그림2-4)-4〉 노르망디 미국인 방문자 센터, 프랑스, 2007.

5) 지역성을 표현하는 빛

자연광으로서의 빛은 시간의 경과에 따른 기후나 계절변화의 뚜렷한 패턴을 형성하면서 지역 특유의 빛에 의한 음영의 리듬을 형성하는 특성이 있다. 특정 지역의 특수성과 장소성을 강조하고자, 이러한 속성을 갖는 빛과 지역 특유의 본질적인 색채와 재료의 질감이 결합함으로써, 지역 특유의 빛의 질을 사용하여 지역성을 상징적으로 표현하는 것이다. 이것은 지역주의 건축에서 많이 표현되고 있다.

알바 알토(Alvar Aalto)의 보크세니스카 교회(Vokseniska Church, Finland, 1956)는 핀란드 지역 특유의 온화한 빛을 도입하기 위해 100여 가지의 다양한 모양과 크기의 창을 이용하여 시간별, 계절별로 다양한 빛을 효율적으로 받아들여 북부 특유의 빛에 대한 친화적 감정이 표현되고 있다.〈그림2-5)-1〉

렌조 피아노의 하이 아트 뮤지엄(High Museum of Art, 2005)은 맨 위층 갤러리 공간에 아틀랜타 지역 특유의 빛을 걸러 받아들여 지역 특유의 빛을 공간에 표현함으로써 지역의 특수성과 장소성을 표현하고 있다.〈그림1-6)-1, 2, 3〉

지역주의를 표방하는 건축가 캄포 바에자(Campo Baeza)가 설계한 가르시아 마르코스 하우스(Garcia Marcos House, 1991)에서도 지역성을 표현하는 빛이 잘 나타나고 있다. 특히 물이라는 요소를 공간에 중요한 요소로 끌어들여, 지중해지역의 푸른색 바다와 눈부시게 밝은 지역 특유의 빛의 성질을 최대한 이용해 지역성을 상징적으로 표현하고 있다.〈그림 2-5)-2〉

이와 같은 지역 특유의 빛의 성질과 색의 효과를 최대화하여 특정지역의 지역성을 상징적으로 표현하고자 하는 특성들은, 역시 지역주의 건축가라고 할 수 있는 레고레타의 작품들에서도 잘 나타나고 있다.〈그림 2-5)-3, 4〉

〈그림2-5)-1〉 보크세니스카 교회, 핀란드, 1956.

〈그림2-5)-2〉 가르시아 마르코스 하우스, 스페인, 1991.

〈그림2-5)-3〉 일본 주택, 일본 도쿄, 1998.

〈그림2-5)-4〉 하와이 주택, 하와이, 2002.

6) 매체공간을 표현하는 빛

움직이는 영상 혹은 그러한 복잡한 빛의 이미지를 공간 안에 적극적으로 도입하여, 그 공간이 정보를 전달하는 매체공간임을 상징적으로 표현한 것이다. 현대 건축에서 공간 속에 정보들이 자유롭게 들어오게 함으로써 공간 자체를 매체화시키는 경향이 있는데, 특히 최근에 나타나는 초표피 건축(픽셀 혹은 미디어 건축)에서 표피의 전자화, 피부화에 관심을 가지고 정보들이 자유롭게 떠돌 수 있는 표피를 창조하고자 하는 경향들에서 나타나고 있다[21].

미디아 갤럭시(Media Galaxy, 2001)는 건물의 벽면을 픽셀로 처리하여 전자화, 피부화 시킴으로써 정보들이 자유롭게 유영하고 있다는 것을 이미지화하여 이 공간이 미디어 공간임을 상징적으로 표현하고 있다.〈그림2-6)-1〉

정교한 테크놀로지의 발달로 말미암아 설치될 수 있었던 베이징의 그린픽스(Greenpix, 2008) 정면 파사드는 수많은 픽셀에서 비쳐지는 다양한 빛에 의해 다양한 이미지들을 연출하며, 최근의 미디어 건축에서의 표피의 전자화, 피부화의 특성을 잘 보여주고 있다.〈그림2-6)-2, 3〉〈그림1-16)-4〉

註

21) 황용섭 외1, 표상성을 중심으로한 공간 이미지화에 관한 연구, 한국실내디자인학회논문집 52호, 2005, p.112

〈그림2-6)-1〉 미디아 갤럭시, 미국 뉴욕, 2001.

〈그림2-6)-2〉 그린픽스, 베이징, 2007.

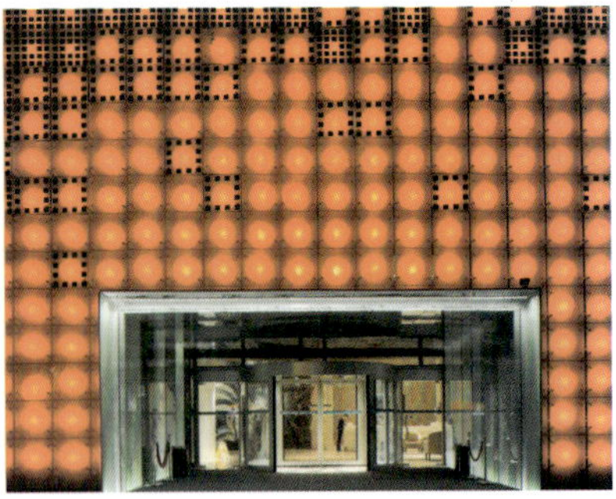

〈그림2-6)-3〉 그린픽스, 베이징, 2007.

심미성 관련 빛 디자인 개념

7) 시적 표현의 빛

단순하고 간명한 박스형태나 백색과 같은 최소한의 요소와 함께 최소한의 빛으로 더 많은 것을 표현하고자 하는 것이다. 시(poem)가 최소한의 언어로 많은 내용을 표현하는 것처럼, 최소한의 빛으로 많은 것을 표현한다는 점에서, 이러한 의미는 '시적 표현의 빛'이라 명명할 수 있다[22]. 이것은 최소한의 빛을 통해 최대한의 효과를 내야 하기 때문에 빛의 작위적 조절이 필요할 때가 많다는 점에서 '순수성을 표현하는 빛'과는 차이가 있다.〈그림1-21)-1〉

이것은 미니멀리즘 건축공간에서 표현하고자 하는 빛의 표현 특성이기도 하다. 이것은 미니멀리즘을 구성하는 기본 개념이며, 침묵과 정적으로 이해되는 개념의 빛을 가장 단순한 실내윤곽에 담아내려는 시도가 중요한 내용이다. 미니멀리즘 건축의 단순한 조형의 비워진 실내공간은 빛에 의해 존재적 특성을 갖고 체험적 공간으로 전개해 나간다.

캄포 바에자의 투레가노 하우스(Turegano House, 1988), 가르

註

22) '시적'이란 용어는 여러 사람들에 의해 이미 사용되고 있다. 예를 들면, 캄포 바에자는 최소한의 요소로 표현하는 자신의 건축공간을, 최소한의 단어를 가지고 소설보다 더 풍부한 내용을 표현할 수 있는 '시'에 비유하고 있으며, 임석재(2007)는 이러한 주제의 공간을 '공간시학'(spatial poetics)이라 표현하고 있다. 그리고 서주리(2004)는 그의 논문에서 이러한 빛의 특성을 '시적인 빛'('poetic light')이라고 이미 명명하였다.

시아 마르코스 하우스(Garcia Marcos House, 1991)는 모든 축조적 흔적이 지워진 백색의 추상공간 속에 정교하게 계획된 창문과 틈들을 통해 동쪽으로부터 남쪽에 이르는 빛의 여정, 시시각각 변하는 태양의 고도 차이 변화에 의한 명확한 주제가 있는 빛을 채움으로써 공간의 다양한 표정을 연출하고 있다[23]. 〈그림1-24)-1, 2〉

멕시코 시티 소재 15개 파티오 하우스 내부의 백색 공간에 받아들여진 한줄기의 빛은 공간에 더 많은 이야기를 전달해준다. 이 한 줄기의 빛은 시간이 지나면서 태양의 위치가 변함에 따라 방향이나 밝기, 혹은 굵기 등이 변하게 된다. 이에 따라 실내공간은 최소한의 빛으로 매우 다양한 공간의 표정이 얻어지고 있다.〈그림2-7)-1〉

중국 베이징 소재 아티스트 레지던스(Songzhuang Artist Residences, 2009)에서도 단순한 공간에 절제되고 작위적 조절에 의한 최소한의 빛의 유입으로 더 많은 다양한 표정들을 연출하고 있다. 〈그림2-7)-2, 3〉

일본 소재 겐노 아트 뮤지엄(Kanno Museum of Art, 2006)도 백색의 단순한 공간이 작위적 조절에 의해 유입된 최소한의 빛으로 말미암아 더욱 더 풍부한 표정이 있는 공간으로 연출되고 있다.〈그림 2-7)-4〉

註

23) 이은미, op. cit., p.127.

〈그림2-7)-1〉 15개 파티오 하우스, 멕시코 시티, 1998.

〈그림2-7)-2〉 아티스트 레지던스, 베이징, 2009.

〈그림2-7〉-3〉 아티스트 레지던스, 베이징, 2009.

〈그림2-7〉-4〉 겐노 아트 뮤지엄, 일본, 2006.

8) 순수성을 표현하는 빛

근대의 정신사조인 합리적 순수성을 바탕으로, 아무런 변형이나 조작이 없이 있는 그대로의 자연광이 드러나도록 함으로써 공간의 순수성(purity)을 표현하고자 한 것이다. 특히 미스(Mies)의 건축에서처럼, 조형적 형태에 있어서의 단순함과 조작이 없는 자연상태의 빛이 어우러져 공간의 순수성이 표현되도록 한 것을 말한다.

미스 반 데어 로에(Mies Van der Rohe)의 바르셀로나 파빌리온(Barcelona Pavilion, 1929)은 극도로 순수한 형태미를 추구하면서 자연의 빛을 실내에 그대로 충만히 담아 넣었다. 벽으로 공간을 폐쇄하려 하지 않고 다만 필요에 따라 적절히 차단하여 적당히 강조할 뿐으로, 유리가 창이라기보다는 벽 자체가 되어 쏟아지는 햇빛을 여과없이 받아들인다. 단순한 형태에 의한 공간의 순수성과 더불어 장식적이거나 기교성이 배제된 빛의 순수함이 전해지고, 벽은 투명해져서 비물질성이 극대화되었다[24). ⟨그림2-8)-1⟩

호주 시드니에 건축된 로리 쇼트 하우스(Laurie Short House, 1974)는 미스 반 데어 로에의 영향을 강하게 받은 것으로, 역시 극도로 순수한 형태미를 추구하면서 순수한 자연의 빛 그대로를 실내에 담고 있다. ⟨그림2-8)-2⟩

註

24) 이강혁, 근대이후 교회건축에서의 빛의 유입 및 표현에 관한 연구, 서울대 석사논문, 1996, pp.63~65.

특히 현대의 건축공간은 이와 같이, 투명한 유리벽을 통해 여과 없이 있는 그대로의 순수한 빛 자체를 실내에 유입하여, 공간에 빛의 순수성이 극대화되어 나타나는 것들이 점점 더 많아지고 있다.〈그림 2-8〉-3, 4〉

〈그림2-8)-1〉 바르셀로나 파빌리온, 스페인, 1929.

〈그림2-8)-2〉 로리 쇼트 하우스, 호주 시드니, 1974.

〈그림2-8)-3〉 캘리포니아 과학아카데미, 미국 샌프란시스코, 2008.

〈그림2-8)-4〉 오스페델 델란겔로, 이태리, 2009.

9) 조소성의 빛

공간, 특히 개구부의 형태나 특성을 조작함으로써 유입되는 빛이 특정한 형태를 갖도록 하고, 이것이 결과적으로 공간의 질과 성격을 결정하도록 한 것이다. 즉, 개구부나 구조체의 형태, 혹은 브리즈-솔레일, 루버 등의 빛 조절장치를 이용하여 빛의 조소성을 표현하고 그것이 공간의 형태를 결정하도록 한 것이다.

르 꼬르뷔지에의 롱샹성당에서 중후한 벽의 크고 작은 다양한 형태의 개구부는 공간 내에 빛의 성격을 결정하기 위해 구성된 것이다. 이를 통해 포탄과 같은 빛이 극적으로 연출되며, 동시에 그 빛은 건축공간의 형태를 결정하며 공간구축에 참여하고 있다.〈그림1-27)-2〉

안토니 프레독의 넬슨 아트센터(Nelson Fine Arts Center, 1990)에서도 외부와 내부공간 사이의 회랑 외측 벽면 구조체가 아치 패턴으로, 내측 벽면이 점 형의 패턴으로 되어, 빛과 음영이 다양한 패턴을 공간 내에 동적으로 형성하면서 빛의 조소성이 극대화되어 표현되고 있다.〈그림1-20)-1〉

레고레타의 15개 파티오 하우스(House of the 15 Patios, 1998)에서도 임의적으로 조작된 다양한 개구부의 형태에서 유입되는 다양한 빛의 형태가 공간의 형태를 완성하고 있음을 보여준다.〈그림2-9)-1〉

시카고 소재 브릭 위브 하우스(Brick-Weave House, 2008)는 벽돌로 외벽을 일정 패턴으로 쌓아 유입되는 빛의 성격, 즉 빛의 조소성에 의한 효과를 최대화하여 공간의 특성을 이루고 있다.〈그림2-

9)-2〉

아이 엠 페이의 이슬람 아트 뮤지엄(Museum of Islamic Art, 2009) 내부에서도 홀의 천장구조물로 유입되는 빛을 통해 천장을 특이한 형태로 만들어 내는 등 빛의 조소적 특성을 잘 활용하고 있다. 〈그림2-9)-3〉

스페인 소재 사진작가의 집 II(House for a Photographer II, 2008)에서도 외벽을 패턴화하여 그것을 통해 유입되는 빛으로 내부공간을 패턴으로 장식하면서 공간의 형태 및 분위기를 완성하고 있다.〈그림2-9)-4〉

〈그림2-9)-1〉 15개 파티오 하우스, 멕시코 시티, 1998.

〈그림2-9)-2〉 브릭 위브 하우스, 미국 시카고, 2008.

〈그림2-9)-3〉 이슬람 아트 뮤지엄, 카타르, 2009.

〈그림2-9)-4〉 사진작가의 집 II, 스페인, 2008.

10) 복합공간을 표현하는 빛

빛에 의해 공간의 비균질적 관계 형성, 즉 공간의 복합화가 표현되는 것이다. 건축공간에서 복합성의 개념은 실내의 모서리 부분을 이중 막으로 처리하는 겹공간을 형성하거나 사선 도입, 구조화된 불규칙성, 다양한 내부적 경계의 설정으로 표현되는데[25], 여기에 빛의 유입, 활용을 통해 이러한 효과가 극대화되도록 한 것이다.

스티븐 홀의 디이 쇼우 회사(D.E Shaw Company, 1992)에서는 벽체, 모서리를 분절, 겹 구성하고, 그 사이에 빛이 반사되어 스며들 수 있도록 장치하여 신비하면서도 미묘한 색광의 복합공간을 만들었다.〈그림1-4)-1〉 성 이그나티우스 성당(St. Ignatius Chapel, 1997)에서도 역시 7개의 볼륨덩어리가 합쳐지면서 겹 구성된 벽체에 의해 표현된 복합공간이 빛에 의해 그 효과가 더욱 극대화되었다.〈그림1-4)-2〉

루이스 칸이 설계한 방글라데시 국회의사당(National Capital of Assembly Hall, 1974)은 빛을 받아들이기 위해 빛기둥이라는 요소를 도입하여 공간을 이중구조의 벽으로 형성하면서 빛의 복잡한 형상을 공간에 부여하며 복합공간으로서의 특성을 잘 보여주고 있다.〈그림

註

25) 서정연, '빛과 공간예술'에서 빛에 의한 공간의 표현특성에 관한 연구, 한국실내디자인학회논문집 제14권 4호, 2005, p.41.

2-10)-1〉

일본 소재 N 하우스(N house, 2008)에서도 반복적이고 불규칙한 면적인 형태로 된 이중적인 벽 구성에 의해 비균질적인 복합공간의 특성을 잘 표현하고 있다.〈그림2-10)-2, 3〉

〈그림2-10)-1〉 방글라데시 국회의사당, 방글라데시, 1974.

〈그림2-10)-2〉 N 하우스, 일본, 2008.

〈그림2-10)-3〉 N 하우스, 일본, 2008.

11) 공간의 투명성을 표현하는 빛

재료 혹은 형태의 투명성과 빛의 효과가 어우러진 결과로 시지각적 투명성을 통한 다중적 · 공간적 질서를 표현한 것이다.

'공간의 투명성' 이란, 20세기 초 만들어지기 시작한 건축공간 연출에 대한 용어로서, 시지각적 투명성을 통해 공간의 다중성을 표현하거나 다른 차원의 존재들을 동시적으로 지각하도록 하는 특성을 의미한다[26]. 이 공간의 투명성은 '빛' 과 불가분의 관계를 가지게 되는데, 빛을 통해 비로소 이러한 공간의 투명성이 표현된다.

렘 쿨하스(Rem Koolhaas)의 뉴욕 프라다(Prada, 2001)에서는 폴리카보네이트로 된 투명한 유리벽과 내부조명에 의한 빛의 효과로 공간의 투명성이 극대화되었다.〈그림2-11)-1〉

특히 최근에 들어와 이와 같이 빛의 효과를 최대화하여 시각적 투명성을 통해 공간의 다중성을 표현하거나 다른 차원의 것들을 동시적으로 지각하도록 하는 공간의 투명성을 표현하는 사례들이 빈번하게 나타나고 있다.〈그림2-11)-2, 3, 4〉

註

26) 콜린 로우는 이 투명성을 단순한 시각상의 특성 이상의 것으로, 보다 광범위한 공간적 질서를 의미하며, 공간적으로 다른 차원에 존재라는 것을 동시에 지각할 수 있는 것을 의미한다고 말한다.

〈그림2-11〉-1〉 뉴욕 프라다, 미국 뉴욕, 2001.

〈그림2-11〉-2〉 스페르투스 유대인 연구 협회, 미국 시카고, 2007.

〈그림2-11)-3〉 스페르투스 유대인 연구 협회, 미국 시카고, 2007.

〈그림2-11)-4〉 머크 세로노 본사, 제노바, 2008.

12) 관조적인 빛

빛의 유입을 적절한 비례로 통제함으로써 엄숙함이나 평안함을 느끼도록 하는 것이다. 이는 주로 한국이나 일본과 같은 동양의 전통 실내공간에서 표현되는 것으로, 깊은 처마나 반투명적인 소재를 사용하여 직접적인 자연광의 유입을 차단함으로써 적절한 어둠의 분위기를 조성하여 정신적인 편안함을 회복하거나 혹은 사고나 대화의 즐거움을 고양시키도록 유도된 것이다[27].

프랭크 로이드 라이트의 로비 하우스(Robby House, 1906)는 유리를 통한 빛의 확산, 굴절, 반사 등 빛의 제 현상 유도에 관심을 갖고 격자무늬 창, 스테인드글라스를 이용하여 다양한 창의 처리를 통해 들어오는 빛을 조절함으로써 효과를 최대화한다. 또 이렇게 조절된 빛이 공간에 유입되면서 자연 재료들과 결합되어 눈부심을 없이 하며, 다소 어둡지만 평안한 공간 분위기를 연출한다.〈그림2-12)-1〉

일본의 현대 주택인 큐브 하우스(Cube House, 1991)는 천장이 낮아 다소 어두운 실내공간이지만 고요한 정적 공간을 형성하고 정신적인 평안함과 안정감을 찾을 수 있는 공간으로 표현되고 있다.〈그림2-12)-2〉

註

27) Marietta S. Millet(1996)는 이러한 의미의 빛을 '관조적인 빛'(Contemplative Light)이라고 표현하고 있다.

이렇게 절제된 빛의 효과로 명상적인 분위기를 연출하는 동양적인 관조적인 빛은 현재 유럽이나 미국과 같은 서구에서도 빈번하게 표현되어 나타나고 있다.〈그림2-12)-3, 4〉

〈그림2-12)-1〉 로비 하우스, 미국 시카고, 1906.

〈그림2-12)-2〉 큐브 하우스, 일본, 1991.

〈그림2-12)-3〉 노르망디 미국인 방문자 센터, 프랑스, 2007.

〈그림2-12)-4〉 피오 피오, 미국 뉴욕, 2009.

체험성 관련 빛 디자인 개념

13) 상태변화를 체험케 하는 빛

다양한 빛의 현상들과 공간을 구성하는 요소들(형태, 재료, 물, 색)과의 결합을 통해 공간의 질적인 변화를 일으켜 특정한 시지각적 상태변화의 지각체험을 유도하는 것이다. 빛은 시간에 따른 질의 변화가 재료의 물성에 반사되어 나타나는 빛의 굴절현상이나 빛에 의해 재료의 물성이 변화되는 현상과 함께 작용하여 다양한 지각체험을 유도한다. 이것은 빛의 변화에 따른 공간의 변화로서, 운동적인 느낌보다는 상태변화를 의미하는 것이다.

이와 같이 공간의 상태변화를 통해 시지각적 변화 체험을 유도하는 것은, 때로는 특정한 이미지를 의도하기도 하지만, 때로는 공간 자체가 변화됨으로써 스스로 이미지화되어 확정된 것은 아무것도 없고 체험 주체의 지각과 사유능력에 따라 각기 다른 이미지로 인식되도록 의도되어 나타나기도 한다[28].

도요 이토(Toyo Ito)의 바람의 탑(Tower of Wind' s, 1986)은 유리의 투명성과 극적인 다양한 빛의 변화를 주는 조명효과를 통해 공간의 상태변화를 일으키며, 체험 주체의 지각에 따라 다르게 인식되

註

28) 황용섭 외, op. cit., p.112

어 주체자의 감성에 따라 반응하는 유기적인 이미지를 만들었다.〈그림2-13)-1, 1'〉

장 누벨의 아랍문화원(Institute du Monde Arabe, 1987)은 그 남쪽 벽면에 빛에 민감한 수많은 조리개로 된 장치를 통해 빛이 유입되도록 함으로써 다채롭게 움직이는 빛의 효과로 인해 벽면에 아랍문화를 상징하는 문양을 표현함과 동시에 그 벽면이 움직이는 이미지 표피가 되도록 하고 있다. 장 누벨은 이러한 장치를 통해 외부표피의 상태변화와 더불어, 유입되는 빛의 양의 변화에 따른 내부공간 경험의 변전(變轉)을 가능하게 하였다.〈그림1-16)-1〉

헝가리 부다페스트 소재 호모 루멘스(Homo Lumens, 2007)는 파사드가 150개의 얇은 판 모양으로 된 직사각형 유리패널로 구성되어 있다. 이것은 온도변화에 따라 색이 변화되면서 다양한 이미지를 체험하도록 하며, 체험 주체의 지각과 사유능력에 따라 각기 다른 이미지로의 해석이 가능하도록 하고 있다.〈그림2-13)-2, 2'〉

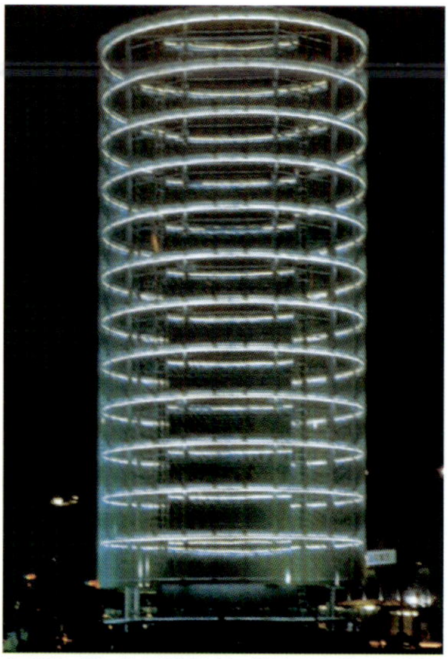

〈그림2-13)-1〉 바람의 탑, 일본 요코하마, 1986.

〈그림2-13)-1'

〈그림2-13)-2〉 호모 루멘스, 헝가리 부다페스트, 2007.

〈그림2-13)-2'〉

14) 초월적 힘을 체험케 하는 빛

빛에 의해 공간에 시각적 확장감을 부여함으로써 인간으로 하여금 자신이 중심이 되어 외부로 확장되는 축을 경험하게 하며, 그 확산되는 빛의 힘에 의해 어떤 절대적인 형이상학적 정신적인 힘이 체험되도록 하는 것이다.

빛에 의해 공간은 경계가 없어지고 확장감과 깊이가 무한으로 확산되어 우주와 자아가 일체가 되는 경험을 유도하거나 혹은 우주적 차원의 초월적 힘을 경험하는 정신적인 공간이 된다. 특히 이것은 빛을 이용한 뛰어난 조형성과 예술성을 보여주었던 60년대 '빛과 공간예술'('Light and Space Art')에서 나타났던 것으로 이후의 건축공간에서도 적용되어 나타나고 있다[29].

제임스 터렐의 라이브 오크 프렌드 미팅 하우스(Live Oak Friends Meeting House, 2000)에서 나타나는 공간은 경계가 정해진 것이 아니라 확장과 깊이가 무한으로 확산되어 우주적 차원으로 발전하는 초월적 힘을 체험케 하는 정신적인 공간을 연출하고 있다.〈그림 2-14)-1〉

캄포 바에자(Campo Baeza)가 설계한 세비아 교회(Church in Sevilla, 2003)에서는 빛이 하나의 물질처럼 처리되어 공간에 시각적

註

29) 서정연, '빛과 공간예술'에서 빛에 의한 공간의 표현특성에 관한 연구, 한국실내디자인학회논문집 51호, 2005, pp.39~40.

확장감을 부여함으로써, 그 안의 예배자는 외부로 확장되는 축을 경험하며 영원, 침묵, 초월적인 힘을 체험하게 된다.〈그림2-14)-2〉

일본 소재 세이조 하우스(House in Saijo, 2008)는 피라미드형의 주택으로서, 상부에 삼각형의 형태로 뚫린 천장에서 유입되는 빛에 의해 공간은 어떤 우주적 차원의 초월적 힘을 경험하는 형이상학적 감성공간을 체험하게 한다.〈그림 2-14)-3, 4〉

〈그림2-14)-1〉 라이브 오크 프렌드 미팅 하우스, 미국 휴스턴, 2000.

〈그림2-14〉-2〉 세비아 교회, 스페인, 2003.

〈그림2-14〉-3, 4〉 세이조 하우스, 일본, 2008.

15) 유희성을 체험케 하는 빛

빛이 공간과 어떤 기능상의 특성(공간에 어떤 조형성을 형성하거나 관람객의 동선을 유도하는 등의)으로 관련되지는 않지만, 관객들로 하여금 빛의 축제와 같은 느낌의 유희성이 느껴지도록 하는 것이다.

특히 해체주의 작가들의 해체논리를 바탕으로 추상적 개구부와 프레임을 통한 비예측적인 빛과 다양한 음영의 효과로 공간에 유희성을 표현하는 작품들에서 이러한 특성이 잘 나타난다.〈그림2-15)-1〉

프랭크 게리의 빌바오 구겐하임 박물관(Guggenheim Bilbao, 1997)〈그림1-4)-3〉과 스타타 센터(The Stata Center corridors, 2005)〈그림1-4)-4〉에서 개구부의 위치와 형태들은 왜곡된 추상적 매스들의 충돌에 의해 생겨진 틈 사이에 설치되어 무작위적인 듯한 인상을 준다. 이와 같이 예기치 못하는 곳에서 유입되는 비예측적 빛으로 형성되는 빛의 음영은 다양한 형태의 시각적 효과를 내며 비예측적인 전혀 새로운 빛의 형상을 경험하게 하여 관람객들로 하여금 유희성을 체험하도록 한다[30].

서울에 건축된 트루텍 빌딩(TRUTEC Building, 2007)은 외벽이 해체주의적 성향의 왜곡된 형태로 굴절된 유리벽으로 되어 있다. 이를 통해 반사되고 굴절되어 실내로 유입되는 빛은 공간에서 빛의 유희성을 체험하게 한다.〈그림2-15)-2〉

註

30) 김경재, 근대건축 이후 건축적 빛의 의미변화에 관한 연구, 한국실내디자인학회논문집 25호, 2000, p.217.

그 밖에도 조명의 효과나 태양을 조절하는 차양 등의 설치로 인해 이와 같은 빛의 유희성이 표현되어 나타나기도 한다.〈그림2-15)-3, 4〉

〈그림2-15)-1〉 페드럴 빌딩, 미국 샌프란시스코, 2008.

〈그림2-15〉-2〉 트루텍 빌딩, 서울, 2007.

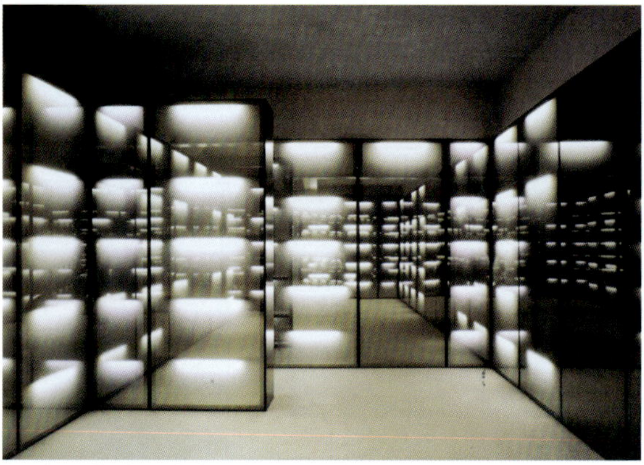
〈그림2-15〉-3〉 노터리 오피스 입구, 벨기에, 2008.

〈그림2-15〉-4〉 칼트란 7구역 본부, 미국 로스앤젤레스, 2005.

16) 환영적 공간을 체험케 하는 빛

빛이 공간의 구성요소인 재료나 색채와 결합되면서 재료 본래의 물성을 탈물질화 시키며 빛이 에너지로서 작용하여 물질적 요소가 없는 광선의 움직임만이 남게 되어 환영적 공간으로 체험되도록 하는 것이다.

빛은 유리 플라스틱과 같은 재료들 혹은 색과 결합되면서 투과와 반사, 재반사의 현상을 일으키며 공간의 고형적인 물질로서의 성질을 탈물질화 시키고, 광선의 움직임만이 어떤 에너지의 상태로 작용하여 환상적 공간효과를 만들게 된다[31]. 이러한 환영적 공간은 최근 매체공간을 표현하는 빛이나 혹은 장식을 공간에 적극적으로 도입함을 통해서도 연출되고 있다.

댄 플래빈(Dan Flavin)이 디자인한 하우저맨 쇼우룸(Houserman Showroom, 1982)에서 비좁고 침침한 진입구의 통로공간은 바닥, 벽, 천장의 설치작품에 의해 색광혼합을 이루며 반사되는 빛의 효과에 의해 공간의 물성은 사라지고 탈물질화되면서 광선의 움직임만이 남아, 좁고 밋밋한 진입부가 환상적 공간으로 탈바꿈되고 있다.〈그림2-16)-1〉

헬무트 얀(Helmut Jahn)이 설계한 시카고 오헤어 국제공항(Chicago O'Hare International Airport, 1988)의 지하통로는 빛과

註

31) 서정연, 앞 논문 p.42

색채, 반사와 투광, 키네틱 요소 등이 결합되어 탈물질적 공간이 연출되고 있다. 이로 인해 지루해지기 쉬운 이동공간이 활기차고 재미있는 환상적인 공간으로 탈바꿈 되었다.〈그림2-16)-2〉

애심토트(Asymptote)가 설계한 소호 알레시 플레그십 스토어(Alessi Flagship Store, 2007)는 공간에 정보가 침투하여 물질과 정보가 혼재하는 양상을 시각적으로 표현하고 있는데, 이러한 매체적 장식에 의해 환영적 공간을 체험하도록 한다[32).]〈그림2-16)-3〉

상하이 세계금융센터(Shanghai World Financial Center, 2008)의 스카이 산책공간은 공간 전체를 투명한 유리로 마감함으로써 빛에 의해 공간은 탈물질화되고, 광선의 움직임만이 어떤 에너지 상태로 작용하여 환영적 공간을 연출하며, 드라마틱한 체험을 유도하고 있다.〈그림2-16)-4〉

註

32) 황용섭 외, op. cit., p.113.

〈그림2-16)-1〉 하우저맨 쇼우룸, 미국 로스 앤젤레스, 1982.

〈그림2-16)-2〉 시카고 오헤어국제공항, 미국 시카고, 1988.

〈그림2-16)-3〉 알레시 플래그십 스토아, 미국 뉴욕, 2007.

〈그림2-16)-4〉 상하이 세계금융센터, 중국 상하이, 2008.

사진목록 (자료출처)

1-1)-1 Guggenheim Museum, New York, F.L.Wright, 1960.
(자료; Interior Architecture, p.195)

1-2)-2 Chapel of MIT, Cambridge, USA., Eero Saarinen, 1955.
(자료; Modern Architecture Series 건축20세기 II, p.59)

1-1)-3 Davidson Center, Jerusalem, Kimmel Eshkolot Architects, 2008.
(자료; Architectural Record, 2009, 07, p.70)

1-1)-4 National Civil War Museum, USA, Hayes Large Architects, 2008.
(자료; Architectural Record, 2008, 09, p.136)

1-2)-1 Crystal Cathedral (수정교회-Garden Grove), USA., P. Johnson, 1980.
(자료; The Architecture of Philip Johnson, p.198)

1-2)-2 The house of Water and Glass, Shizulka, Japan, Kengo Kuma, 1995.
(자료; Architects of the World, p.90)

1-2)-3 Exhibition Center in Leipzig, Germany, Von Gerkan, 1997.
(자료; Architects of the World, p. 191)

1-2)-4 Terminal 3 at Beijing Capital International Airport, Norman Foster, 2008. (자료; Architectural Record, 2008, 07, p.119)

1-3)-1 Chaple on the Water, Hokkaido, Japan, Ando Tadao, 1988.
(자료; Modern Architecture Series 건축 20세기(II), p.293)

1-3)-2 The Masdar Headquarters, Masdar City, Abu Dhabi, UAE, 2008.
(자료; Architectural Record, 2008, 12, p.143)

1-3)-3 Langen Foundation, Neuss, Germany, Tadao Ando, 2005.
(자료; Architectural Record, 2006, 07, p.102)

1-3)-4 The New York Times Building, New York, Renzo Piano, 2007.
(자료; Architectural record 2008, 02, p.97)

1-4)-1 D.E. Shaw & Co. Office, New York, Steven Holl, 1992.
(자료; el croquis. 78: steven holl, 1996, p.131)

1-4)-2 St. Ignatius' Chapel, Washington, USA, Steven Holl, 1997.

(자료; Architects of the World, p.66)

1-4)-3 Guggenheim Bilbao, Spain, Frank Gehry, 1997.
(자료; Architectural Record, 2005, 11, p.101)

1-4)-4 The Stata Center, Massachusetts, USA, Frank Gehry, 2004.
(자료; Architectural Record, 2005, 06, p.51)

1-5)-1 Riola Parish Church, Riola, Italy, Alvar Aalto, 1978.
(자료; 실내건축조명, p.44)

1-5)-2 Phillips Exeter academy Library, New Hampshire, USA, Louis Kahn, 1971. (자료; Louis I Kahn, p.314)

1-5)-3 The Cymbalista Synagogue and Jewish Heritage Center, Tel Aviv, Israel, Mario Botta, 1998. (자료; MARIO BOTTA, Light and Gravity Architecture 1993~2003, p.62)

1-5)-4 Kalmar Museum of Art, Sweden, Tham & Videgard, 2008.
(자료; Architectural Record, 2009, 12, p.65)

1-6)-1, 2, 3 High Museum of Art, Atlanta, UAS, Renzo Piano, 2005.
(자료; Architectural Record, 2005, 11, P.135)

1-6)-4, 5, 6 Mercedes-Benz Museum, Germany, UN studio, 2005.
(자료; Architectural Record, 2006, 11, p.133)

1-7)-1 National Capital of Bangladesh Hospital, Dhaka, Bangladesh, Louis I. Kahn, 1974. (자료; Urs buttiker, 이효원 역, Louis I. Kahn, Light and Space/빛과 공간, p.159)

1-7)-2 National Bank of Greece, Athens, Greece, Mario Botta, 2001. (자료; MARIO BOTTA, Light and Gravity Architecture 1993~2003, p.136)

1-7)-3 Friedrich Durrenmatt Center, Switzerland, Mario Botta, 2000. (자료; MARIO BOTTA, Light and Gravity Architecture 1993~2003, p.99)

1-7)-4 Normandy American Visitor Center, France. SmithGroup, 2007.
(자료; Architectural record 2008, 03, p.114)

1-8)-1 Painted Apartment, Chicago, USA, Krueck and Olsen, 1983.
(자료; Interior Architecture, p.49)

1-8)-2 Shure Technology Center, Illinois, USA, Krueck & Sexton, 2004. (자료; Architectural Record, 2005, 06, p.110)

1-8)-3 Schanzenstrasse, Cologne, Germany, BRS, 2008. (자료;Architectural Record, 2008, 12, p. 121)

1-8)-4 Unilever House (100VE), London, Kohn Pedersen Fox Associates, 2007. (자료; Architectural record, 2008, 05, p.138)

1-9)-1 Edgar J. Kaufmann House, "Fallingwater", Pennsylvania, F. L. Wright, 1935. (자료; Frank LLoyd Wright Master Builder, p.114)

1-9)-2 Mikveh Israel Synagogue, Philadelphia, USA, Louis I. kahn, 1972. (자료; Louis I Kahn, p. 395)

1-9)-3 Burr Elementary School, Owings & Merill, 2004. (자료; Architectural record, 2005, 12, p.145)

1-9)-4 The subterranean Stuttgart Main Station, Washington D.C., Michael Van Valkenburgh Associates, 2005. (자료; Architectural Record, 2006, 08, p.32)

1-10)-1 Johnson and Son Administration Building, Winsconsin, USA, F.L. Wright, 1936. (자료; Interior Architecture, p.243)

1-10)-2 Central Bus Terminal, Switzerland, Mario Botta, 2001. (자료; MARIO BOTTA, Light and Gravity Architecture 1993~2003, p.183)

1-10)-3 Ben Gurion Terminal 3, Tel Aviv, Israel, Skidmore, Owings, 2004. (자료; Architectural Record, 2005, 10, p.162)

1-10)-4 Broad Contemporary Art Museum, Los Angeles, USA, Renzo Piano, 2008. (자료; Architectural Record, 2008, 05, p.238)

1-11)-1 Unity Church, Illinois, USA, F.L. Wright, 1904. (자료; Interior Architecture, p.66)

1-11)-2 Kyoto Concert Hall, Kyoto, Japan, Arata Isozaki, 1995. (자료; Architects of the World, p.70)

1-11)-3 The National Opera House, Norway, Snohetta, 2008. (자료; Architectural Record, 2008, 08, p.90)

1-12)-1 Inujima Art Project, Japan, Sambuichi Architects, 2008.
(자료; Architectural Record, 2009, 07, p.65)

1-12)-2 Plaza del Torico, Spain, b720 Arquitectec, 2008.
(자료; Architectural Record, 2008, 08, p.156)

1-12)-3 Plaza del Torico, Spain, b720 Arquitectec, 2008.
(자료; Architectural Record, 2008, 08, p.158)

1-12)-4 Ricardo Legorreta House, Mexico City, Mexico, 1997.
(자료; Legorreta +Legorreta, 2004, p.29)

1-13)-1 로마의 Pantheon 신전.
(자료; A History of Interior Design, p.21)

1-13)-2 Couvent de La Tourette, France, Le Corbusier, 1955.
(자료; Interior Architecture, p.219)

1-13)-3 Kidosaki House, Japan, Ando Tadao, 1984.
(자료; A History of Interior Design, p.374)

1-13)-4 Sunset Landmark Building, West Hollywood, 2005.
(자료: Architectural Record, 2005, 06, p.47)

1-14)-1 Cryptoporticus of the Swimming Pool, Italy, A.D. 126~134.
(자료; Interior Architecture, p.185)

1-14)-2 Koechlin House, Switzerland, Herzog & De Meuron, 1996.
(자료; Architects of the World, p.63)

1-14)-3 Chichu Art Museum, Naoshima, Japan, Tadao Ando, 2004.
(자료; Architectural Record, 2005, 10, p.123)

1-14)-4 House in Hawaii, Hawaii, Legorreta, 2002.
(자료; Legorreta+Legorreta, 2004, p.223)

1-15)-1 그리스 Parthenon 신전
(자료; 죽기 전에 꼭 봐야 할 세계 건축 1001, p.29

1-15)-2 National Capital of Assembly Hall, Dhaka, Bangladesh, Louis I. Kahn, 1974. (자료; Light and Space/빛과 공간, Louis I. Kahn, p.168)

1-15)-3 Queen Anne Park, Seattle park, USA, 2006.

(자료; Architectural Record, 2006, 02, p.162)

1-15)-4 Danish Pavilion, Expo 2010, Shanghai, China, 2009.
(자료; Architectural Record, 2009, 12, p.55)

1-16)-1 Institute du Monde Arabe, Paris, France, Jean Nouvel, 1980.
(자료; Jean Nouvel by Jean nouvel, p.82)

1-16)-2 Church of the Light, Osaka Japen, Ando Tadao, 1988.
(자료; 박병민)

1-16)-3 Thorncrown Chapel, Arkansas, USA, E.fay Jones, 1980.
(자료; Architectural Record, 2006, 06, p.200)

1-16)-4 Greenpix, Beijing, Simone Giostra, 2007.
(자료; Architectural Record, 2008, 07, p. 70)

1-17)-1 A.T.&T. Building, New York, Phillip Johnson, 1983.
(자료; A History of Interior Design, p.361)

1-17)-2 Louis Vuitton, paris, France, George Sexton Associates, 2006.
(자료; Architectural Record, 2006, 02, p.156)

1-17)-3 Boulder residence, Arizona, USA, Uriah Bueller, 2006.
(자료; Architectural Record, 2008, 02, p.73)

1-18)-1 Kimbell Art Museum, Texas, Louis I. Kahn, 1972.
(자료; Louis I Kahn, p.359)

1-18)-2 National Capital of Assembly Hall, Dhaka, Bangladesh, Louis I Kahn, 1974. (자료; Louis I Kahn, p.177)

1-18)-3 Phillips Exeter Academy Library, New Hampshire, Louis I Kahn, 1971. (자료; Louis I. Kahn, p.315)

1-18)-4 Cymbalista Synagogue and Jewish Heritage Center, Tel Aviv, Israel, Mario Botta, 1998. (자료; MARIO BOTTA Light and Gravity architecture 1993~2003, p.63)

1-19)-1 Chapel Notre Dame-du-Haut, Ronchamp, France, Le Corbusier, 1955. (자료; Interior Architecture, p.216)

1-19)-2 J.F. Kennedy International Airport, New York, USA, Eero Saarinen,

1962. (자료; Interior Atchitecture, p.205)

1-19)-3 Langen Foundation, Neuss, Germany, Tadao Ando, 2005. (자료; Architectural Record, 2006, 07, p.109)

1-20)-1 Nelson Fine Arts Center, Tempe, USA, Antoine Predock, 1990. (자료; ANTOINE PREDOCK, p. 53)

1-20)-2 Noah's Park, Jerusalem, Israel, Mario Botta, 2001. (자료; MARIO BOTTA Light and Gravity architecture 1993~2003, p.125)

1-20)-3 Visual Arts Center, Santafe, New Mexico, 1999. (자료; Legorreta+Legorreta, 2004, p.47)

1-20)-4 House of the 15 Patios, Mexico City, Mexico, 1998. (자료; Legorreta+Legorreta, 2004, p.159)

1-21)-1 House in Hawaii, Hawaii, Legorreta, 2002. (자료; Legorreta+Legorreta, 2004, p.15)

1-21)-2 Youth Center for Creative Activities, Spain, Joe Maria sanchez Garcia, 2009. (자료; Architectural Record, 2009, 12, p.86)

1-21)-3 California Academy of Sciences, San Francisco, Renzo Piano, 2007. (자료; Architectural Record, 2008, 05, p.131)

1-21)-4 URBANHIVE, 서울, 김인철+아르키움, 2009. (자료; SPACE, 2008, 10, p.98)

1-22)-1 Venice Beach House, California, USA, Antoine Predock, 1991. (자료; ANTOINE PREDOCK, p.116)

1-22)-2 Private Library and Writing Studio, New York, Andrew Berman Architect, 2008. (자료; Architectural Record, 2009, 04, p.56)

1-22)-3 I HOUSE, Ohyama, Tokyo, Jpan, Sanzin Kim, 1990. (자료; Japan Interior Vol.4, p.214)

1-22)-4 Cafe Meros, Osaka, Japan, The Air Design Studio, 1990. (자료; Japan Interior Vol.2, p.87)

1-23)-1 The Royal Bank of Scotland, Houston, DMJM Rottet, 2005. (자료; Architectural Record, 2006, 06, p.181)

1-23)-2 Les Bains des Docks, Le Havre, France, Ateliers Jean Nouvel, 2008. (자료; Architectural Record, 2009, 08, p.49)

1-23)-3 Egade-Business Administration Graduate School, Monterrey, Mexico, Legorreta, 2001. (자료; Legorreta +Legorreta, 2004, p.196)

1-24)-1 Turegano House, Madrid Spain, Campo Baeza, 1989. (자료; CAMPO BAEZA, p.24)

1-24)-2 Garcia Marcos House, Spain, Campo Baeza, 1991 (자료; CAMPO BAEZA, p.31)

1-24)-3 Koechlin House, Switzerland, Herzog & De Meuron, 1996. (자료; Architects of the World, p.63)

1-24)-4 Ordos 100, Inner Mongolia, China, MOS, 2008. (자료; Architectural Record, 2008, 12, p.98)

1-25)-1 Drop, Hi-Lo Fielding, Los Angeles, SCI-Arc., 2004. (자료; Architectural Record, 2006, 01, p.47)

1-25)-2 Shin-Yatsushiro Monument, Yatsushiro, Japan, Kumiko Inui, 2000. (자료; Architectural Record, 2006, 12, p.97)

1-25)-3 House for a Photographer II, Spain, Carlos Ferrater, 2008. (자료; Architectural Record, 2009, 04, p.84)

1-25)-4 Boulder residence, Arizona, USA, Uriah Bueller, 2006. (자료; Architectural Record, 2008, 02, p.73)

1-26)-1 Olivetti showroom, Italy, Carlo Scarpa, 1958. (자료; Carlo Scarpa, p.76, 90)

1-26)-2 Magma Arts and Congress Center, Canary Islands, Spain, Artengo Menis Pastrana Arquitectos, 2005. (자료; Architectural Record, 2006, 03, p.96)

1-26)-3 Getty Villa, California, USA, Machado and Silvetti Associates, 2005. (자료; Architectural Record, 2006, 05, p.112)

1-26)-4 Museum of the Roman Theater of Cartagena, Spain, Rafael Moneo, 2008. (자료; Architectural Record, 2009, 02, p.77)

1-27)-1 Koshino House, Japan, Ando Tadao, 1981.
(자료; Japan Interior Vol.4, p.186)

1-27)-2 Nortre Dome du Haut Chapel, Ronchamp, France, Le Corbusier, 1955. (자료; Le Corbusier, p.3)

1-27)-3 Agbar Tower, Barcelona, Spain, Jean Nouvel, 2005.
(자료; Architectural Record, 2006, 01, p.93)

1-27)-4 Light House, London, England, Gianni Botsford, 2008.
(자료; Architectural Record, 2008, 12, p.114)

1-28)-1 Victor Legorreta House, Mexico, Legorreta, 2002.
(자료; Legorreta +Legorreta, 2004, p.271)

1-28)-2 Aoba-Tei Restaurant, Sendai, Japan, Hitoshi Abe, 2005.
(자료; Architectural Record, 2005, 09, p.137)

1-28)-3 House in Istael, Israel, 2001, Legorreta, 2001.
(자료; Legorreta+Legorreta, 2004, p.65)

1-28)-4 BMW Welt, Munich, Germany 2007.
(자료; Architectural record 2008, 03, p.98)

1-29)-1 G.M Renaissance Center, Detroit, USA, Skidmore, Owing & Merrill, 2005. (자료; Architectural Record, 2006, 02, p.89)

1-29)-2 Hyatt Center, Chicago, USA, Pei Cobb Freed, 2005.
(자료; Architectural Record, 2006, 03, p.135)

1-29)-3 Ice Hockey Stadium, Turin, Italy, Arata Isozaki, 2005.
(자료; Architectural Record, 2006, 06, p.247)

1-29)-4 Huyghe+Le Corbusier Puppet Theater, Mass., USA, MOS, 2004.
(자료; Architectural Record, 2008, 12, p.99)

1-30)-1 New York University Department of Philosophy, New York, Steven Holl. 2008. (자료; Architectural Record, 2008, 06, p.173)

1-30)-2 Kempinski Hotel, Munich, Germany, Helmut Jahn, 1996.
(자료: Architects of the World, p.78)

1-30)-3 Hiroshi Sugimoto at the de Young Museum, San Francisco, Mark

Cavagnero Associates, 2007.

(자료; Architectural Record, 2008, 02, p.190)

1-30)-4 House in Japan, Tokyo, Japan, 1998.

(자료; Legorreta+Legorreta, 2004, p.129)

1-31)-1 Gilardi House, Mexico, Luis barragan, 1976.

(자료; Luis barragan, p.45)

1-31)-2 Gaspar House, Spain, Campo Baeza, 1991.

(자료; CAMPO BAEZA, p.43)

1-31)-3 Televisa Santafe, Mexico City, Mexico, 1998.

(자료; Legorreta+Legorreta, 2004, p.107)

1-31)-4 Visual Arts Center, Santafe, New Mexco, 1999.

(자료; Legorreta+Legorreta, 2004, p.42)

1-32)-1 Langen Foundation, Neuss, Germany, Ando Tatao, 2005.

(자료; Architectural Record, 2006, 07, p.108)

1-32)-2 Normandy American Visitor Center, France. SmithGroup, 2007.

(자료; Architectural record 2008, 03, p.115)

1-32)-3 House in Gohara, Japan, Makoto Tanijiri, 2008.

(자료; Architectural record, 2008, 12, p.104)

1-32)-4 Comcast Center, Philadelphia, USA, Robert A.M. Stern Architects, 2008. (자료;Architectural Record, 2009, 05, p. 171)

1-33)-1 20X20 House, Calera de Tango, Chile, 2005.

(자료; Architectural record 2006, 12, p.113)

1-33)-2 The Outpost, South Afirica, Enrico Daffonchio, 2003.

(자료; Architectural record 2006, 12, p.143)

1-33)-3 Casina, Illinois, Alfred Swenson Pao-Chi Chang, 2008.

(자료; Architectural record 2009, 01, p.128)

2-1)-1 로마의 Pantheon 신전, B.C. 1750.

(자료; 죽기 전에 꼭 봐야 할 세계 건축 1001, p.34)

2-1)-2 A Children's Chapel, Massachusetts, Brian Healy, 2007.

(자료; Architectural Record, 2008, 05, p.109)

2-1)-3 Cathedral of Christ The Light, California, Skidmore, Owings & Merrill, 2008. (자료; Architectural Record, 2009, 01, p.93)

2-2)-1 생드니 대수도원, 프랑스, 1144.
(자료; History of Interior design, p. 55)

2-2)-2 Kaze-no-Oka Crematoriu, Japan, Fumihiko Maki & Associats, 1997.
(자료: Architecture of the World, p107)

2-2)-3 the Stockton church, California, Anshen+Allen, 2005.
(자료; Architectural Record, 2005, 06, p.57)

2-2)-4 Cathedral of Christ The Light, California, Skidmore, Owings & Merrill, 2008. (자료; Architectural Record, 2009, 01, p.91)

2-3)-1 Cartier Foundation Building, Paris, France, Jean Nouvel, 1990.
(자료; Jean Nouvel by Jean nouvel, p.375)

2-3)-2 Galleries Lafayette, Paris, France, Jean Nouvel, 1996.
(자료: Architecture of the World, p141)

2-3)-3, 4 National Swimming Center, Beijing, PTW/CSCEC, 2008.
(자료; Architectural Record, 2008, 07, p. 102,103)

2-4)-1 The Jewish Museum, Berlin, Daniel Libeskind 1989.
(자료; 죽기전에 꼭 봐야 할 세계 건축 1001, p.808, 809)

2-4)-2 Contemporary Jewish Museum, San Francisco, Kaniel Libeskind, 2008. (자료; Architectural Record, 2009, 01, p. 74)

2-4)-3 Contemporary Jewish Museum, San Francisco, Kaniel Libeskind, 2008. (자료; Architectural Record, 2009, 01, p. 77)

2-4)-4 Normandy American Visitor Center, France. SmithGroup, 2007.
(자료; Architectural record 2008, 03, p.117)

2-5)-1 Vuokseniska Church, Imatra, Finland, Alvar Aalto, 1956.
(자료; Alvar Aalto, 1998, p.260)

2-5)-2 Garcia Marcos House, spain, Campo Baeza, 1991.
(자료; CAMPO BAEZA, 1997, p.29)

2-5)-3 House in Japan, Tokyo, Japan, 1998.

(자료; Legorreta+Legorreta, 2004, p.136)

2-5)-4 House in Hawaii, Hawaii, Legorreta, 2002.

(자료; Legorreta+Legorreta, 2004, p.219)

2-6)-1 Media Galaxy, New York , 2001.

(자료; EL Croquis, MVRDV, Madrid, Espana, 2002,111, p.251)

2-6)-2, 3 Greenpix, Beijing, Simone Giostra, 2007.

(자료; Architectural Record, 2008, 07, p.69, 70)

2-7)-1 House of the 15 Patios, Mexico City, Mexico, 1998.

(자료; Legorreta+Legorreta, 2004, p.159)

2-7)-2, 3 Songzhuang Artist Residences, Beijing, China, DnA, 2009.

(자료; Architectural Record, 2009, 12, p.49)

2-7)-4 Kanno Museum of Art, Japan, Hitoshi Abe, 2006.

(자료; Architectural Record, 2007, 02, p.115)

2-8)-1 Barcelona Pavilion, Spain, Mies Van der Rohe, 1929)

(자료; Building Desire-On the Barcelona Pavilion, 2005, p.90)

2-8)-2 Laurie Short House, Sydney, 1974.

(자료; Architectural Record, 2009, 05, p.107)

2-8)-3 California Academy of Sciences, San Francisco, Renzo Piano, 2008.

(자료; Architectural Record, 2009, 01, p.67)

2-8)-4 Ospedale dell'Angelo, Venice, Italy, 2009.

(자료; Architectural Record, 2009, 08, p.75)

2-9)-1 House of the 15 Patios, Mexico City, Legorreta, 1998.

(자료; Legorreta+Legorreta, 2004, p.159)

2-9)-2 Brick-Weave House, Chicago, Studio Gang, 2008.

(자료; Architectural Record, 2009, 04, p. 92)

2-9)-3 Museum of Islamic Art, doha, Qatar, I.M. Pei, 2009.

(자료; Architectural Record, 2009, 08, p.62)

2-9)-4 House for a Photographer II, Spain, Carlos Ferrater, 2008.

(자료; Architectural Record, 2009, 04, p.84)

2-10)-1 National Capital of Assembly Hall, Dhaka, Bangladesh, Louis I. Kahn, 1974. (자료; Urs buttiker, 이효원 역, Louis I. Kahn, Light and Space/빛과 공간, p.171)

2-10)-2, 3 N house, Japan, Sou Fujimoto, 2008.
(자료; Architectural Record, 2009, 04, p. 92~3)

2-11)-1 Prada, New York, Rem Koolhaas, 2001.
(자료; Rem Koolhaas/OMA, p.63)

2-11)-2 Spertus Institute of Jewish Studies, Chicago, Krueck & Sexton, 2007. (자료; Architectural Record, 2008, 05, p.198)

2-11)-3 Jacobi Medical Center Ambulatory Care Building, New York, Pei Cobb Freed & Partners, 2008.
(자료; Architectural Record, 2009, 08, p.81)

2-11)-4 Merck Serono Headquarters, Geneva, Murphy/Jahn, 2008.
(자료; Architectural Record, 2009, 05, p.182~3

2-12)-1 Frederick C. Robie House, Chicago, USA, F.L.Right, 1906.
(자료: Frank LLoyd Wright Master Builder, p.74)

2-12)-2 Cube House, Tokyo, Japan, Naoyuki Shirakawa, 1991.
(자료; Architects of the World, p.171)

2-12)-3 Normandy American Visitor Center, France. SmithGroup, 2007.
(자료; Architectural record 2008, 03, p.116)

2-12)-4 Pio Pio, New York, Sebastian Mariscal Studio, 2009.
(자료; Architectural record 2009, 09, p.90)

2-13)-1, 1' Tower of Wind's, Yokohama, Japan, Toyo Ito, 1986.
(자료; 유아.공간.관계, p.103)

2-13)-2, 2' Homo Lumens, Budapest, Laszlo Benczur, KBDesign, 2007.
(자료: Architectural Record, 2008, 05, p.269, 270)

2-14)-1 Live Oak Friends Meeting House, Houston, Taxas, USA, James turrell, 2000.

(자료; james turrell geometrie des lights, 2009, p.37)

2-14)-2 Church in Sevilla, Spain, Alberto Campo Baeza, 2003.

(자료; SAPCE, 2003, 11, p. 195)

2-14)-3, 4 House in Saijo, Japan, Makoto Tanijiri, 2008.

(자료: Architectural Record, 2008, 12, p.101)

2-15)-1 The Federal Building, San Francisco, 2008.

(자료: Architectural Record, 2009, 01, p.37)

2-15)-2 TRUTEC Building, Seoul, South Korea, Barkow Leibinger, 2007.

(자료: Architectural Record, 2008, 05, p.135)

2-15)-3 Notary's Office Entrance, Belgium, KGDVS, 2008.

(자료: Architectural Record, 2009, 12, p.80)

2-15)-4 Caltrans Distric 7 Headquarters, Los Angeles, 2005.

(자료; Architectural Record, 2006, 04, p.152)

2-16)-1 The Houserman Showroom, Los Angeles, USA, Masimo & Dan Flavin, 1982.

2-16)-2 Chicago O'Hare International Airport, Chicago, Helmut Jahn , 1988.

(자료; Contemporary American Architects, 1993)

2-16)-3 Alessi Flagship Store, New York, Asymptote, 2007.

(자료; Architectural record, 2007, 09, p.141)

2-16)-4 Shanghai World Financial Center, Shanghai, Kohn Pedersen Fox, 2008. (자료; Architectural record, 2009, 05, p.190)

참고문헌

논 문

* 김남헌, 빛에 의한 건축공간의 표현특성에 관한 연구, 건국대 석사논문, 1999, 12.
* 이강혁, 근대이후 교회건축에서의 빛의 유입 및 표현에 관한 연구, 서울대 석사논문, 1996.
* 이은미, 현대 건축공간에 있어 빛의 표현특성과 그 의미에 관한 연구, 중앙대석사논문, 2003, 6.
* 정수진, 건축 공간에서 빛의 조형성과 의미에 관한 연구, 홍익대석사논문, 1995.
* Suh Joori, Contemporary Interior Design in Museum and Exhibition Spaces, Cornell University Thesis, 2004.
* 김기환, 공간조형과 빛, 대한건축학회지 36권 5호, 1992, 9.
* 김경재, 근대건축 이후 건축적 빛의 의미변화에 관한 연구, 한국 실내디자인학회 논문집, 2000, 12.
* 김경재, 윤도근, 건축구성요소와 빛의 상관성에 관한 연구, 대한건축학회 논문집, 1998, 2.
* 김주연, 실내공간에 있어 자연광에 의한 시지각적 현상에 관한 연구, 한국 실내디자인학회지, 1997, 12.
* 김중근, 실내디자인에 있어서 빛의 조절과 연출기법에 관한 연구, 한국 실내디자인학회지 창간호, 1992, 10.
* 서정연, '빛과 공간예술' 에서 빛에 의한 공간의 표현특성에 관한 연구, 한국 실내디자인학회 논문집, 2005, 8.
* 안우진 외2. 스티븐 홀 작품에 나타난 현상학적 빛과 물의 공간작용, 한국 실내디자인학회 논문집, 2001, 6.
* 오승남, 김종진, 지각과 인지를 바탕으로 한 실내공간의 빛 표현특성에 관한 연구, 한국 실내디자인학회 논문집, 2006, 12.
* 오인완, 실내건축공간에 있어서의 빛의 유입유형방법과 표현특성에 관한 연구, 한국 실내디자인학회지, 1996, 12.
* 유방현, 실내공간 디자인에 있어서 자연과 도입에 관한 연구, 한국 실내디자인학회

지. 1995, 7.

* 유영희, 실내건축 공간 디자인을 위한 '빛' 관련 디자인개념 추출, 한국 실내디자인학회 논문집, 2007, 4.
* ____, 건축공간에 표현된 빛의 의미들의 개념과 그 표현방법에 관한 연구, 한국 실내디자인학회 논문집, 2008, 8.
* 이정민 외1. 현대 공간디자인에 있어 시간성과 변화, 한국 실내디자인학회 논문집, 2003, 12.
* 황용섭 외1, 표상성을 중심으로 한 공간 이미지화에 관한 연구, 한국 실내디자인학회 논문집, 2005, 10.
* Suh Joori, Contemporary Interior Design in Museum and Exhibition Spaces, Cornell University Thesis, 2004.

단행본

* 김보미, MODERN ARCHITECTURE SERIES 건축20세기(II), 서울:글로벌아트(GA), 1999.
* 임석재, 미니멀리즘과 상대주의 공간, 서울:시공사, 2007.
* 최찬호 외, 실내건축조명, 서울: 기문당, 2005.
* Architects of the World, N.Y: Whitney, 1998.
* Asensio, Paco, Rem Koolhaas/OMA, teNeues, 2002.
* Cappellato, Gabriele, Mario Botta, Lignt and Gravity Architecture 1993-2003, N.Y; Prestel, 2004.
* Collins, Barad and Juliette Robbins, ANTOINE PREDOCK, Rizzoli International Publication, 1994.
* Dodds, George, Building Desire-On the Barcelona Pavilion, Routledge; London and New York, 2005.
* Eakin, Kurtoch, Interior Architecture, N.Y:Van Nostrand Reinhold, 1993.
* Frampton, Kenneth, CAMPO BAEZA, Rockport Publishers, Inc. 1997.
* Hesselgren, Man's Perceptionof Man-made Environment, 박규현 · 김규현 편역, 서울;기문당, 1992.

* Irving, Mark 외, 죽기 전에 꼭 봐야 할 세계 건축 1001, 마로니에 북스, 2009.
* Jencks, Charles, Le Corbusier, The Monacelli Press Inc., 2000.
* Jodidio, Philip, Jean Nouvel by Jean nouvel, TASCHEN, 2008.
* Johnson, Philip, The Architecture of Philip Johnson, Anchorage Press, 2002.
* Kahn, Louis I., Light and Space, 이효재 역, 서울; 시공문화사, 2002,
* Los, Sergio and Klaus Frahm, Carlo Scarpa, TASCHEN, 1993.
* McCarter, Robert, Louis I Kahn, NY;Phaidon, 2005.
* Mendez, Carlos, Legorreta +Legorreta, New York; Rizzoli, 2004.
* Millet, Marietta S., LIGHT REVEALING ARCHITECTURE, NY:Van Nostrand Reinhold, 1996.
* More, Lyndon and Charles W., Chambers for Memory Palace, Cambridge: MIT Press, 1996.
* Pfeiffer, B. B., Frank LLoyd Wright Master Builder, London; Thames & Hudson Ltd, 1997.
* Phillip, Jodidio, Contemporary American Architects, Taschen; Cologne, 1993.
* Pile, John, A History of Interior Design, 홍승기역, 서울;도서출판 서우, 2002.
* Reed, Peter, Alvar Aalto, Museum of Modern Art, 1998.
* Reggio Chileren s.r.l, Domus Academy Research Center, 유아. 공간. 관계, 다음세대, 2002.
* Rene, Burri, Luis barragan, Phaidon Inc Ltd., 2000.
* Thomas, Thiis-Evensen, Archetypes In Architecture, scandinavian university press, Oxford office, 1987.
* Uchida Shigeru, Kenji Oki, JAPAN INTERIOR VOL.2, Restaurants, Bars, Clubs, Rikuyo-Sha Pubilshing, Inc. 1994.
* Uchida Shigeru, Kenji Oki, JAPAN INTERIOR VOL.4, Hotels, Offices, Apartments, Rikuyo-Sha Pubilshing, Inc. 1995.
* Von, herausgegebeen, james turrell geometrie des lights, hatje cantz,

2009.

* White, Edward T., Concept Source Book, 조철의 역, 서울:시공문화사, 2002.

잡지

* Architectural Record 2005, 1–2009, 12.

저자소개

유 영 희

· 연세대학교 이학박사

· 실내디자인학회 정회원

· 과학기술우수논문 학술상수상(2007년)
  실내건축 공간 디자인을 위한 '빛' 관련 디자인개념 추출

· Department of Design and Enviroumental Aualysis, Cornell University, New York. Visiting Scholar.

· 현 협성대학교 실내디자인학과 교수

실내디자인을 위한 Concept Source Book

빛 디자인

2010년 6월 25일 1판 1쇄 인쇄
2010년 6월 30일 1판 1쇄 발행

저　　자　유 영 희
발 행 인　강 해 작
발 행 처　기 문 당
주　　소　서울시 성동구 공명길 39(왕십리동 966-22)
전　　화　02) 2295-6171(代)~5
팩　　스　02) 2296-8188
출판등록　1976. 10. 7(1-44)
홈페이지　http://기문당
　　　　　http://www.kimoondang.com
I S B N　978-89-6225-266-8　93540

정　　가　18,000원

검인생략